경주의 불교유적

문화재
속속들이
시리즈
3

경주의 불교유적

문화재
속속들이
시리즈
③

김환대 지음

한국학술정보㈜

▌ 책머리에

신라 천년의 고도 경주에는 많은 문화유적들이 남아 있다. 그중에서도 불교 문화유적은 가장 많이 남아 있어 당시 신라인의 흔적을 느낄 수 있으며 불교문화가 집대성되어 있어 불교 노천 박물관이라 표현된다.

언제 찾아도 늘 새로운 기분을 느끼게 하는 도심 속에 흩어진 유적들과 신라인들이 불교의 이상 세계를 지상에 실현해 놓았다는 불국정토의 불국사와 석굴암, 황룡사지 · 사천왕사지와 같은 수많은 절터들이 남아 있어 당시 찬란한 불교문화를 상상케 한다.

과거와 현대가 공존하지만 찬란한 천년의 문화가 한곳에 남아 있는 만큼 경주의 문화유적을 소개한 책들은 많으며 소개한 내용도 다양하여 우리에게 많은 것을 배우게 한다.

이 책은 오랜 기간 직접 여러 차례 현장답사를 하여 발굴조사와 주변 정비를 통해서 예전과 달라진 내용들을 확인하여 서술하였다. 지금도 현장에서는 복원과 위치의 변동으로 인해 많은 부분들이 달라지고 있으며 다시 확인하지 않으면 모르고 지나치는 부분들도 많다.

테마를 가지고 원고를 작성하다 보니 내용과 분량이 방대하여 어려움이 많았으며 사찰과 절터, 불상과 불탑 등 불교적인 유적이 대부분이어서 내용에서도 딱딱한 느낌이 있어 최종적으로 추려내어 용어가 어려운 학술적인 내용들은 일부 생략하였다. 유적 소개는 간략하게 설명하였고 『삼국유사』에 담긴 이야기들을 많이 인용하였다.

여러 가지로 부족한 부분들이 있지만 계속해서 경주의 역사 현장을 걸으면서 꾸준히 보완을 할 예정이다. 경주를 찾아 불교 문화유적을 답사하고자 하는 이들에게 조금이라도 참고자료로 도움이 되길 바란다. 늘 지켜봐 주시는 부모님, 일부 사진자료를 협조해 주신 김희권 님, 한인식 님, 답사에 도움을 주신 이상령 님, 그리고 출판을 위해 애써 주신 한국학술정보(주) 관계자 여러분들께 깊은 감사의 마음을 전한다.

2010. 9.

김환대

Contents

Contents

경주지역의 절터 • 133

Contents

경주지역의 불탑 • 221

경주지역의 불상 • 253

Contents

경주지역 불상(佛像)의 흐름 • 301

경주지역의 사찰

분황사 芬皇寺

　　분황사는 선덕여왕 3년(634)에 건립되었다. 용궁(龍宮)을 사이에 두고 황룡사와 함께 있던 국찰이다. 원효대사가 머물던 절로 유명하며 원효가 세상을 떠나자 아들 설총이 그 유해를 부수고 그 진용을 소상으로 만들어 분황사에 모셨다. 원효를 공경하고 사모하여 극도의 슬픈 뜻을 표시했는데, 그때 설총이 곁에서 예배하니 소상(塑像)이 문득 고개를 돌려 보았는데 그 이후 돌아본 채로 있었다 한다. 또한 분황사의 좌전 북쪽에는 솔거가 그린 것으로 추정되는 천수관음(千手觀音)이 있었는데 경덕왕 대에 한기리에 사는 희명(希明)의 장님 아이가 그 앞에 나아가 노래를 지어 빌었더니 눈을 뜨게 된 영험이 전하고 있다. 분황사에는 약사여래불의 동상(銅像)이 있었던 것으로 전하는데, 755년에 신라 왕경 본피부(本彼部)의 장인(匠人)인 강고내말(强古乃末)에 의해 만들어진 30만 6천7백 근의 대불이라 한다. 고려 숙종 때 화쟁국사(和諍國師)의 비(碑)가 경내에 건립되었고 17세기에 보광전을 건립하였으며, 1915년 석탑을 해체 보수하였고, 1965년 12월에는 담장 옆 우물 속에서 좌불 13구, 석조 불두 5점이 발견되어 현재 국립경주박물관 야외에 있다.

분황에 대한 발굴은 여러 차례 이루어졌으며 발굴 결과 가람배치
가 1탑 3법당 형식이었음을 확인할 수 있었는데, 품(品)자형 가람배
치로서 이는 신라문화권에서는 처음 밝혀졌고, 창건 금당지와 그 뒤
중건되어 현재 보광전에 이르는 금당의 변천과정과 회랑지, 석등지,
강당지 등이 확인되었다.

　　국립경주문화재연구소의 발굴 조사 결과를 보면 창건 금당지는
선덕왕 3년(634), 8세기 중엽으로 추정, 연화문 수막새, 연화문 보상
화문 수막새, 상조문 암막새 출토되었다.

　　1차 중건 금당지는 8세기 중엽에서 13세기 중엽으로 추정되며 가
릉빈가 수막새, 쌍조문 수막새, 초화문 수막새가 출토되었다. 2차 중
건 금당지는 조선 선조 25년(1597) 명문 암막새, 귀목문 암막새와 수
막새 출토, 3차 중건 금당(보광전) 광해군 원년(1609) 명문 암막새,
연화문 수막새 출토 되었다.

석탑 石塔

　신라 석탑 가운데 현재 남아 있는 것 중 가장 오래되었다. 안산암 이란 돌을 벽돌 모양으로 다듬어 쌓은 모전석탑으로 국보 제30호로 지정되어 있다. 현재 3층까지만 남아 있으나, 원래 9층이었을 것으로 추정된다.

석탑의 기단은 크기가 제각기 다른 막돌로 쌓았고 기단 위에는 네 모퉁이에 돌사자를 배치하였는데 사자상은 사자가 포효하는 것처럼 용맹을 상징하듯 불탑을 수호하는 기능을 가지고 있기 때문에 배치한 것으로 보이며 원래부터 있었던 것이 아니라 주변에서 옮겨온 것이라 하며 예전에는 크기가 작은 두 마리 사자상이 더 있었으나 현재 나머지 두 마리는 국립경주박물관에 옮겨져 있다.

　　1층 탑신의 사방에 감실(龕室)을 두고 돌문을 내었고 감실 입구에 동·서·남·북으로 각기 둘씩의 금강역사상(金剛力士像)을 돌을새김 하여 세웠다. 역동적인 자세와 권법(拳法)을 취하고 있으나 부드러우면서도 힘차게 표현된 조각 수법은 유려하다.

금강역사상

　1915년 일본인들이 해체 수리하였는데, 이때 수리 당시 2층과 3층 사이에서 돌 석함(石函) 속에 장치되었던 사리장엄구가 발견되었다. 여러 가지 구슬, 금·은제 바늘과 침통, 가위 등과 함께 고려시대에 사용하였던 숭녕통보와 상평오수 등이 출토되어 고려 숙종, 예종 때에 보수·수리되었음을 알 수 있었다.

　발견된 사리구들 가운데서 주목되는 것은 바늘통, 바늘, 가위 등 여성들의 생활용구들인데 일반적인 탑에서는 보기 어려운 것으로 분황사탑 건립이 왕권의 강화와 관련이 있었다는 것을 보여 주고 있다. 석함과 사리장엄구에서 나온 각종 공양품은 현재 국립경주박물관 미술관에 전시되어 있다.

석함과 사리장엄구

사리장엄(국립경주박물관 소장)

화쟁국사비부
和諍國師碑趺

원효대사(元曉大師) 비의 받침돌이다. 고려 숙종 6년(1101) 8월에
내린 조서에 의해 분황사에 건립되었다. 숙종은 원효가 동방의 성인
인데도 불구하고, 비기와 시호가 없어 그 덕이 크게 드러나지 않음
을 애석하게 여겨 대성화쟁국사(大聖和諍國師)라는 시호를 내리고,
유사(有司)로 하여금 비를 세우게 하였다.

『동국여지승람』에는 고려 평장사 한문준(高麗 平章事 韓文俊)의

소찬(所撰)인 화쟁국사비(和諍國師碑)가 있으니 곧 오금석(烏金石)이라는 내용이 있다.

현재 비는 없어지고 비대석에는 차신라화쟁국사지적(此新羅和諍國師之碑蹟)이라고 쓴 추사 김정희의 친필이 음각되어 있다. 비대 상면에는 비신을 삽입하는 직사각형의 홈이 파여 있다.

차신라화쟁국사지적(此新羅和諍國師之碑蹟)

약사여래입상
藥師如來立像

불상은 보광전 내에 있으며, 왼손에 들고 있는 건칠제 약합(乾漆製 藥盒)의 뚜껑에 건륭삼십구년을미사월이십오일조성야(乾隆三十九年乙未四月二十五日造成也)라는 붉은 글씨가 남아 있어 조선 영조 50년(1774)에 제작된 것을 알 수 있다.

낮은 살상투가 표현된 머리에는 나선형 머리카락을 부착하였으며, 통견의 법의는 두껍게 처

리하여 장대한 신체와 조화를 이루고 있다. 대의 사이에는 화형으로 접고 띠를 두른 군의가 U자형으로 층계를 이루며 흘러내리다가 무릎 밑에 이르러 3단으로 접혀 있다. 1963년 개금하였고 경상북도 문화재자료 제319호로 지정되어 있다. 불상 앞에 석제 불단에는 통일신라시대 탑신석이 있는데 천인상으로 추정되는 조각이 새겨져 있다.

보광전
普光殿

보광전은 1998년 5
월 17일 목재 해체 도
중 발견된 중도리 상
량문에 의하면 1616년
상량되었으며, 1680년
중창을 거치고 1916년
중건되었다고 한다.

이 상량문에 의하여
분황사의 중건 연대와 약사불 조성내력, 목수와 부목수, 시주자 등의
이름이 확인됐다. 보광전 북쪽 박공벽에는 3백여 년 전의 조선시대
불화가 발견되어 당시 회화사 연구에 중요한 자료로 평가된다. 대들
보 서북 편에 가로 30㎝, 세로 50㎝ 크기의 조선 숙종 6년(1680)에
그려진 채색불화가 발견되었다.

1998년 수리되었고 내부에는 약사여래입상과 원효대사 영정이 있다.

석정 石井

　삼룡변어정(三龍變漁井) 혹은 호국룡변어정이라 불리는 신라시대의 우물이다.

　『삼국유사』에 원성왕(元聖王) 11년(795)에 당(唐)나라의 사신들이 서울에 와서 한 달을 머물러 있다가 돌아갔는데, 하루 뒤에 두 여자가 내정(內廷)에 나와서 아뢴다. "저희들은 동지(東池)·청지(靑池)에

있는 두 용(龍)의 아내입니다. 그런데 당나라 사자가 하서국(河西國) 사람들을 데리고 와서 우리 남편인 두 용(龍)과 분황사(芬皇寺) 우물에 있는 용까지 모두 세 용의 모습을 바꾸어 작은 고기로 변하게 해서 통 속에 넣어 가지고 돌아갔습니다. 바라옵건대 폐하께서는 그 두 사람에게 명령하여 우리 남편들인 나라를 지키는 용을 여기에 머무르게 해 주십시오." 왕은 하양관(河陽館)까지 쫓아가서 친히 연회를 열고 하서국 사람들에게 명령했다. "너희들은 어찌해서 우리나라의 세 용을 잡아 여기까지 왔느냐. 만일 사실대로 고하지 않으면 반드시 사형에 처할 것이다." 그제야 하서국 사람들이 고기 세 마리를 내어 바치므로 세 곳에 놓아 주자, 각각 물속에서 한 길이나 뛰고 기뻐하면서 가 버렸다고 한다.

석조여래입상
石造如來立像

이 불상은 보광전 앞에 있었다가 대원심보살사리탑 옆에 있다.

소발에 높은 육계를 하고 있는데 얼굴이 많이 파손되었다. 광배는 몸과 한 돌로 구성되어 있으며, 두광에 2줄의 둥근 광이 있다. 당당하세 표현된 어깨와 가슴에 걸쳐 있는 옷의 주름 등 조각수법으로 보아 통일신라시대 불상으로 추정된다.

구황동 당간지주
九黃洞 幢竿支柱

　양 지주 사이에는 귀부(龜趺)가 있는데 머리를 동쪽으로 향하고
목은 움츠린 상태이며 오른쪽 앞발과 왼쪽 뒷발이 깨어져서 없고 등
에는 귀갑무늬가 없다. 당간의 받침돌로 귀부를 배치한 것은 특수한

예로 이것밖에 없는 것이다. 지주는 3개의 간공(間空)을 장치하여 양 지주가 서로 관통하도록 조성되어 있다. 지주석은 별다른 장식 없이 바깥쪽의 양쪽에 모를 접고 바깥 면은 잘록하게 되어 있고 지주 끝은 원호(圓弧)로 되어 있다. 황룡사(皇龍寺)의 것이라 소개하고 있으나 원래 분황사의 것으로 추정되며 근래 연구 결과 현존하는 최고의 석조 당간지주라 한다. 주변은 1990년대 발굴 조사되었고 경상북도 유형문화재 제192호로 지정되어 있다.

불국사
佛國寺

　　불국사는 토함산 기슭에 위치해 있으며, 1995년 12월 6일 석굴암과 더불어 유네스코 세계 문화유산에 등록되었다. 신라 경덕왕(景德王) 10년(751)에 재상 김대성(金大城)이 발원하여 개창되고, 혜공왕(惠恭王) 10년(774)에 완성되었다.

　　조선 선조(宣祖) 26년(1593) 임진왜란 때 의병의 주둔지로 이용되어 일본군에 의해 건물이 모두 불타 버렸다. 선조 37년(1604)부터 복구와 중건이 시작되어 순조 5년(1805)까지 40여 차례에 걸쳐 국가적으로 또는 승려들에 의하여 부분적인 중수(重修)가 이루어졌으며 1805년 비로전 중수를 끝으로 그 이상의 기록은 찾을 수 없다. 그 후 일제강점기인 1923년 범영루가 개수되었고, 1924년 대규모의 개수공사를 실시하였으며, 1925년 다보탑이 수리되는 등 1936년까지 여러 차례 정비가 이루어졌다. 1966년 석가탑의 해체 복원 등 부분적 보수가 있었다가 1969년에서 1973년 처음 건립 당시의 건물터를 발굴 조사하고 대대적으로 복원하여 현재의 모습이 되었다.

　　당시의 건물들은 대웅전 25칸, 다보탑·석가탑·청운교(靑雲橋)·백운교(白雲橋), 극락전 12칸, 무설전(無說殿) 32칸, 비로전(毘盧殿)

18칸 등을 비롯하여 무려 80여 종의 건물(약 2,000칸)이 있었다고 하며 대규모의 사찰이었음을 짐작할 수 있다.

불국사는 크게 두 개의 구역으로 나뉘어 있는데, 그 하나는 대웅전을 중심으로 청운교, 백운교, 자하문, 범영루, 자경루, 다보탑과 석가탑, 무설전 등이 있는 구역이고 다른 하나는 금동 아미타불을 모신 극락전을 중심으로 칠보교, 연화교, 안양문 등이 있는 구역이다.

사적 제502호로 지정되어 있으며, 경내 문화재로는 다보탑(국보 제20호), 불국사 삼층석탑(국보 제21호), 청운교와 백운교(국보 제23호), 연화교와 칠보교(국보 제22호), 금동 아미타여래좌상(국보 제27호), 금동 비로자나불좌상(국보 제26호), 불국사 사리탑(보물 제61호), 불국사 석조(보물 제1523호) 등이 있다.

일주문 一柱門

사찰에 들어서는 산문(山門) 중 첫 번째 문으로 기둥이 한 줄로 되어 있는 데서 유래된 말이다. 일심(一心)을 상징하는 것으로 신성한 가람에 들어서기 전에 세속의 번뇌를 불법의 청량수로 말끔히 씻고 일심으로 진리의 세계로 향하라는 상징적인 가르침이 담겨 있다.

1973년 불국사 중창 복원 때 새로 지은 건물로 측면에는 풍판을 달아 비바람을 막게 하였고 지금은 표를 받는 곳으로 이용되고 있다.

천왕문 天王門

일주문을 지나 해탈교와 반야교를 지나면 있는 천왕문은 불법을 수호하는 외호신(外護神)인 사천왕(四天王)이 봉안되어 있는데 좌우에 2구씩 있다.

가운데는 출입 통로이며, 동쪽을 지키는 지국천왕(持國天王)은 온몸에 동방을 나타내는 오행색(五行色)인 청색을 띠고 있으며, 흰 수염에 비파를 잡고 줄을 튕기는 모습을 하고 있다. 서쪽을 지키는 광목천

왕(廣目天王)은 몸이 흰빛이며 갑옷을 입었으며 오른손에는 용을 움켜쥐고 있으며 왼손에는 용의 입에서 빼낸 여의주를 쥐고 있다. 용을 쥐고 있는 것은 하늘에서 구름, 비, 천둥을 부리는 것을 의미한다.

남쪽을 지키는 증장천왕(增長天王)은 만물을 소생시키는 천왕으로 붉은빛을 띤 몸에 화난 듯한 눈을 표현하고 있다. 왼손에는 칼을 쥐고 오른손은 주먹을 쥐어 허리에 대고 있는 모습을 하고 있다.

북쪽을 지키는 다문천왕(多聞天王)은 얼굴에 검은빛을 띠며, 갑옷을 입었으며 왼손에는 창 오른손에는 보탑을 들고 있다.

그러나 사찰에 따라 사천왕의 방위나 사천왕이 들고 있는 물건들은 달라질 수도 있다.

광목천왕과 다문천왕

지국천왕과 증장천왕

석조
石槽

    천왕문을 지나면 우측으로 토함산 옥로수라 하여 물을 마시는 곳이 있는데, 이것은 장방형의 돌출된 물통으로 원래 위치가 어느 곳인지 확실하지 않으며 크기는 가로 265㎝, 높이 56㎝이다.

    석조의 외부는 돌대와 안상(眼象)으로 장식되어 있고 구연 상면은 네 모서리와 장변 중앙에서 안쪽으로 둥그렇게 귀접이를 하고 있다.

내부 바닥 중앙부에 타원형 공간을 마련하고 그 장축 양쪽 둘레에 작은 연꽃을 이중으로 새기고 그 양 머리에는 큰 연잎 속에 연꽃을 새겨 넣었다. 내부 장벽 중앙부에 바닥의 것과 같은 연꽃무늬를 새기고 그 양옆으로 다시 다른 연꽃무늬를 새겨 놓았다. 바닥 가운데에 있는 타원형을 연꽃이 둘러싸고 있는 형태이다. 형태이다. 석조의 바닥 중앙에는 지름 약 3.5cm의 출수구가 있다. 보물 제1523호 지정되어 있다.

안상(眼象)으로 장식되어 있다.

당간지주
幢竿支柱

　연화교, 칠보교 앞에 2기가 나란히 있는데 지금의 위치가 원래의
위치는 아니라 한다.

　오른쪽 당간지주에서 오른쪽 기둥은 원래의 것이지만 원기둥은
후보된 것으로 삼랑사지 당간지주와 비슷한 형태로 비교되며 통일신
라시대의 것으로 추정된다.

청운교 · 백운교
青雲橋 · 白雲橋

불국사 대웅전을 향하는 두 돌다리로 석가여래(釋迦如來)의 불국 세계로 통하는 자하문에 연결되어 있다. 어느 것이 청운교이고, 백운교인지 정확히 알 수는 없다. 밑의 것이 청운교이고 위의 것이 백운교라고 일반적으로 설명하고 있으나 책자마다 다르다.

불국사의 역사를 기록한 18세기 말의『불국사 고금창기(佛國寺古今創記)』에는 돌계단 다리와 자하문의 순서를 자하문 - 청운교 - 백운교로 기록하고 있다. 또 18세기 유생 박종(朴琮)이 동해의 명소를 두루 다닌 뒤 쓴 기행문인『동경유록』에서 불국사를 이야기하면서 "청운교가 위, 백운교가 아래의 다리"라 하였는데 홍예를 만들고 사람들의 통행을 편하게 한 것이 백운교라 하였다.『역대기』에도 위가 청운교, 아래가 백운교로 되어 있고,『동경잡기』에서도 위가 청운, 아래가 백운교라 한 것으로 보아 위가 청운교 아래가 백운교인 듯하다. 청운교는 18단인데 등행(登行)으로 좌우가 구분되어 있으며 등행의 중앙에는 능선이 있고 다리 아래는 아치형의 홍예 구조로 통행이 가능하며 윗부분 양끝에는 갑석이 있어 석탑의 개석 모양을 닮고 있다.

  백운교는 16단으로 청운교와 같은 양식이나 규모가 작다. 다리 아
래에는 아치형 통로가 마련되어 있으며 갑석의 수법도 청운교와
동일하며 다리의 33계단은 불교의 33천(三十三天)을 나타낸 것이라
한다. 국보 제23호로 지정되어 있다.

구품연지
九品蓮池

　구품연지는 현재 불국사 앞마당에 있었던 커다란 연못 이름이다. 청운교, 백운교 아래에 동서로 길이 약 39.5m, 남북으로 폭 25.5m 되는 타원형의 연못이다. 연못 안쪽에 이른바 호안부는 불국사 석축에 쓰인 큰 자연석으로 둘려 있었다. 못의 깊이는 2m 내지 3m, 물은 토함산 골짜기 물을 대웅전 동쪽 회랑 지하로 도랑을 가설하여 끌어들여 청운교 옆으로 나 있는 석구(石溝)를 통하여 떨어지게 되어 있고 또 경루 밑에는 지금 우리가 마시고 있는 샘물을 받아 채웠던 것으로 추정된다.

　『불국사 복원공사 보고서』에 의하면 1971년 3월 8일 제9차 불국사 복원고증위원회에서 구품연지 발굴보고를 하면서 불국사 광장의 나무와 유구(遺構)의 교란 그리고 관람객의 수용 기능을 감안하여 복원을 하지 않기로 했다고 한다.

대석단
大石壇

　불국사의 석단(石壇)은 크게 양분되어 있는데, 그 아래와 위의 세계가 전혀 다르다는 것을 나타내는 의미를 가지고 있다.

　석단의 위는 불국토(佛國土)요, 그 밑은 아직 거기에 이르지 못한 범부(凡夫)의 세계를 뜻한다. 석단은 불국 세계의 높이를 상징하며 크고 작은 자연괴석들과 잘 다듬어진 장대석들을 자유롭게 다루어 인공과 자연의 미를 이루고 있고 그랭이기법을 사용하였다.

범영루
泛影樓

　　자하문 왼쪽 대웅전 회랑의 서남쪽 모서리에 앞으로 한 칸을 돌출
시켜 만든 범영루(泛影樓)의 원래 이름은 수미범종각(須彌梵鐘閣)으로
수미산(須彌山) 모양의 8각 정상에 누각을 지어 그 위에 108명이 앉
을 수 있고 아래로는 오장간(五丈竿: 50자 높이의 칸)을 세울 만하였다
고 기록되어 있다. 1593년 임진왜란 때에 왜구들에 의하여 불탄 것을
조선시대에 두 차례에 걸쳐 지었다가, 지금의 건물은 1973년에 복원
공사 때 낡은 건물을 헐고 새로 지은 건물이다. 정면은 1칸이지만 측
면이 3칸이어서 남북으로 긴 3칸짜리 건물로 공포는 다포식이며, 팔
작지붕이다. 내부에는 불전 사물의 하나인 법고가 있다.

　　박종(朴琮)의 기행문 『동경유록東京遊錄』에는 자하문의 십 보쯤
떨어진 곳에 수미종각이 있고 매 기둥 아래에는 두 개의 큰 돌로 십
자석을 만들어 그 네 군데의 머리끝에 새겼는데 이를 수미산 형상이
라고 한다는 기록이 보인다.

좌경루 左經樓

　청운교·백운교 오른쪽에 있는 누각이다. 원래 부처님의 말씀을 새긴 경전을 보관하던 장경각이 있었다고 하고, 현재는 조선 후기에 완전히 소실되었던 것을 1973년 복원 때에 재건한 것이다. 자연석으로 쌓은 하층기단 위에 연꽃 주춧돌을 놓고 연꽃으로 장식된 팔각기둥은 범영루의 복잡한 형식에 반하여, 아주 단순하게 표현되어 있다. 이러한 간결한 미는 왼쪽 범영루의 현란한 돌 받침과는 뚜렷하게 대비되는 것으로서, 이와 같은 좌우대칭의 조화 역시 불국사 조형물의 전체적인 배치를 엄격하게 고려한 것이다.

　좌경루는 규모와 형식이 범영루와 같으나 앞쪽의 석주의 형태가 다르다. 좌경루의 석주는 중간에 연꽃으로 띠를 두르듯이 만든 팔각석주로, 석굴암 주실 입구의 팔각석주와 닮았다. 건물 내부에는 사물 중 하나인 목어와 운판이 있다.

연화교·칠보교
蓮華橋·七寶橋

　동쪽의 청운교·백운교와 거의 같은 것으로 연화교는 10단의 층계를 만들었는데 계단식 등연(登衍)을 만들어 양분하였고 각 층계에 아름답게 조각된 연판(蓮瓣)이 양각되어 있다.

　칠보교는 8난의 층계로 이루어졌고 1내 장식의 등연으로 양분된 점은 연화교와 다르다. 다만 규모가 작아진 관계로 다리 아래 통로를 설치하지 않았으며, 특별한 조각도 없다. 칠보교에 올라서면 몸과

마음이 편안해진다는 안양문(安養門)을 지나 극락전에 이르게 된다.

칠보는 원래 금, 은, 유리, 파리, 차거, 적주, 마노 등 일곱 가지 보물을 뜻하는 것인데 여기서는 아마 그만큼 아름다운 다리라는 뜻으로 보인다. 국보 제22호로 지정되어 있다.

1973년 불국사 복원공사 때 없어졌던 돌난간이 다시 설치되었고 창건 당시 많은 사람들이 이 다리를 오르내리며 극락왕생을 기원하였다고 한다. 비구니가 된 헌강왕비(憲康王妃)가 왕의 극락왕생을 기원하면서 이 다리를 오르내렸다는 이야기도 전해지고 있다.

청운교·백운교와 형태는 비슷하지만 경사가 완만하게 처리되어 부드럽고 온화한 모습이다.

대웅전
大雄殿

    불국사의 중심 건물로 현재의 건물은 조선 영조 41년(1765)에 중창된 것으로 보이며, 기단부 및 초석 등은 통일신라시대 것으로 남아 있다. 정면 5칸, 측면 5칸으로 다포계 팔작지붕 건물이다.

    법당 내부에는 석가모니불을 중심으로 왼쪽에는 미륵보살, 오른쪽에는 제화갈라보살이 있는 목조 석가 삼존불이 있다. 또한 미륵보살 좌측에는 가섭존자를 모셨고, 제화갈라보살 우측에는 아난존자를 모셨다. 2010년 8월 19일 대웅전에서 18세기에 조성된 관세음보살도 2구(백의관음보살도, 어람관음보살도)가 발견되었는데, 이중에 어람관음보살도(魚籃觀音菩薩圖)는 우리나라에선 보기 드문 사례로 주목된다.

　　건물 내부는 바닥에 마루를 깔았고, 천장은 우물반자로 마감하였
으며, 금모루 단청을 칠하였다. 출입문이 건물 뒷면에도 있는데 현재
사용되지 않고 있다. 처마 밑 기둥머리에는 용머리를 장식하여 돌출
시켜 놓았는데, 그 형태가 각각 다 달라 눈여겨볼 만하다.

불국사 다보탑
佛國寺 多寶塔

　이 탑은 높이 10.4m이며, 일반적인 통일신라시대의 석탑과는 다른 특이한 형태로, 정식 명칭은 '다보여래상주증명탑(多寶如來常住證明塔)'이다. 이는 『법화경(法華經)』에 석가여래(釋迦如來)의 진리를 다보여래(多寶如來)가 늘 증명한다고 하는 데 연유한다.

4각형 기단의 네 면에 계단을 설치하고, 중앙에 4각형 돌기둥을 세우고 교차되는 받침을 얹어 탑의 지붕돌을 받치게 하였다. 탑 사방의 보계(寶階)가 마련된 갑석 위에 있던 4마리의 돌사자상은 현재 한 마리만 남아 있다. 지붕돌 위에 4각형의 난간을 만들고 속에 팔각형 몸 부분을 조성했으며, 그 위에 팔각 난간을 돌렸다. 그 안에 8개의 대나무 마디 모양의 돌기둥을 돌려 16잎의 팔각 연꽃 돌을 받치고 있다. 연꽃 돌 위에는 8개의 기둥머리 모양의 받침이 팔각 지붕돌을 받치고 있다. 1925년경에 일본인들이 탑을 완전히 해체, 보수하였는데, 이에 관한 기록이 전혀 남아 있지 않다. 다만 당시의 일본인 감독자의 이름으로 금동불상 2구를 경주박물관에 인계한다는 내용의 인계서가 남아 있을 뿐이며, 이 불상은 물론 여타 사리 장엄구 등 그 밖의 유물들은 모두 사라져 버려 그 행방을 알 수 없게 되었다. 국보 제20호로 지정되어 있다.

1973년 부재가 일부 교체 되었고, 2008년 12월 해체 수리 착수하여 2009년 12월 29일 해체 수리 완료되었다.

불국사 삼층석탑
佛國寺 三層石塔

이 탑은 통일신라시대 전형적인 삼층석탑으로 높이 8.2m이다. 동쪽 탑인 다보탑(多寶塔)에 대칭되는 명칭으로 석가탑(釋迦塔) 또는 아사달과 아사녀의 전설로 인하여 무영탑(無影塔)이라고도 한다. 정식명칭은 '석가여래상주설법탑(釋迦如來常住說法塔)'으로 『법화경』의 다보여래(多寶如來)와 석가여래(釋迦如來)가 나란히 앉아 설법하고 증명한다는 데서 연유한다.

기단 주위에는 장방석을 돌려서 형성한 탑구(塔區)에 팔방금강좌(八方金剛座)라는 연꽃 8개를 연결한 구역이 있고, 구역 안쪽으로 기단 아래에는 자연석으로 인공 암반을 만들었다. 이중 기단 위에 3층으로 탑의 몸돌과 지붕돌을 올렸다.

　　1966년 9월 도굴범에 의하여 훼손되어 10월에 탑신부의 해체수리 작업이 시작되었고, 그해 12월에 완전하게 복원되었다. 이때 2층 몸돌의 윗면 가운데에 있는 네모 사리공 안에서 세계에서 가장 오래된 목판 인쇄물인 무구정광대다라니경(無垢淨光大陀羅尼經 국보 제126호)이 사리장엄구와 함께 발견되었다. 1973년 남원 실상사 삼층석탑(보물 제37호)의 머리장식을 본떠서 상륜부(相輪部)를 복원하였다. 국보 제21호로 지정되어 있다.

무구정광대다라니경
無垢淨光大陀羅尼經

 8세기 중엽에 간행된 목판 인쇄본으로, 너비 약 8㎝, 전체 길이 약 620㎝이며 1행 8~9자의 다라니경문을 두루마리 형식으로 적어 놓은 것이다. 1966년 10월 13일 불국사 석가탑을 보수하기 위해 해체할 당시 탑 안에 있던 다른 유물들과 함께 발견되었다. 발견 당시 부식되고 산화되어 결실된 부분이 있었는데 20여 년 사이 더욱 심해져, 1988년에서 1989년 사이 대대적으로 수리 보강하였다. 불경이 봉안된 석가탑이 751년 김대성에 의해 불국사가 중창될 때 세워졌으므로 이 불경은 그 무렵 간행된 것으로 추정된다. 본문 가운데 중국 당나라 측천무후 집권 당시만 썼던 글자들이 발견되어, 간행 연대를 추정할 수 있게 해 준다.

이 인쇄물이 발견되기 전까지 세계에서 가장 오래된 인쇄물은 770년경에 간행된 일본의 『백만탑다라니경』으로 알려져 왔으나 이것은 전문을 다 새긴 것이 아니라 『무구정광대다라니경』 중에서 발췌하여 새긴 것으로, 판각 기술에 있어서도 『무구정광대다라니경』이 훨씬 정교하며 글자체가 예스럽고 힘이 있다. 따라서 목판 인쇄술의 성격과 특징을 완전하게 갖추고 있는 『무구정광대다라니경』이야말로 세계에서 가장 오래된 목판본이라 할 수 있다. 묵서지편(墨書紙片·문서 뭉치) 일부가 2005년 중수기(重修記)로 밝혀졌으며, 중수기에 1024년 탑을 보수하면서 다라니경을 넣었다는 기록이 있어 한때 고려시대 제작설이 제기되기도 하였다.

불국사 삼층석탑 내 발견유물

1966년 10월 13일 불국사 삼층석탑 제3층 탑신(塔身)의 상면 중앙부에 뚫린 둘레 50㎝의 사리공(舍利孔) 안에서 일련의 사리장치유물이 발견되었다. 그중 현재 탑에서 분리되어 보관되는 것으로는 금동제사리외함(金銅製舍利外函)·은제사리외합(銀製舍利外盒)·은제사리내합(銀製舍利內盒)·무구정광대다라니경(無垢淨光大陀羅尼經)·금동방형사리합(金銅方形舍利盒)·경옥제곱은옥[硬玉製曲玉]·청동제비천상(靑銅製飛天像)·동경(銅鏡)·묵서명방형지속(墨書銘方形紙束) 등이 있다.

은제 사리 내·외합은 계란모양으로 은으로 도금하였으며 8세기 중엽 양식을 보인 화려한 연꽃무늬와 작은 동그라미를 찍어 만든 어

자문(魚子文)으로 장식하였다. 금동방형사리합은 앞·뒷면에 탑을 중심으로 양옆에 보살이 있는 모습과 옆면에 인왕상을 선각(線刻)하였다. 뚜껑에는 3층 탑 모양의 작은 꼭지가 있으며 합 속에는 향나무로 깎은 작은 사리병이 들어 있었다. 그 밖에 이 유물 중에서 직접 사리 용기(容器)로 쓴 파리제사리병(玻璃製舍利瓶)·향목제장경사리소병(長頸舍利小瓶)·은제소대(銀製小臺)·금제소합(金製小盒) 등이 사리가 든 채로 모조된 사리 장치(裝置)와 함께 탑 안에 들어 있었다. 이 가운데 파리제사리병은 사찰 측의 실수로 파손되어, 사찰에서 모조품으로 대체해 넣었음이 뒤에 밝혀졌다. 국보 제126호이다.

극락전 極樂殿

　이 건물은 임진왜란 때 불타버린 것을 조선 영조 26년(1750)에 중창한 것으로 추정되며, 1925년 중수되었다. 대웅전 서쪽 한 단 낮은 곳에 세워져 있으며, 연화교·칠보교를 거쳐 안양문을 들어서면 정면에 보인다. 정면 3칸, 측면 3칸의 건물로 공포는 다포식으로 되어 있으며 기둥은 민흘림이다. 법당 내부에는 금동아미타여래좌상(국보 제27호)을 모시고 있다.

　극락전에서 대웅전으로 가는 계단은 3열을 지어 각각 16계단인데 모두 합하면 48계단이 된다. 이것은 아미타불의 48원(願)을 상징하는데, 아미타불은 과거세에는 법장(法藏)이라는 이름으로 비구(比丘)로 수행을 하였는데 48원을 성취하여 극락세계를 건립하였다고 한다. 즉 이 48계단의 층마다 올라서 극락에 이를 수 있는 것이다. 2007년 극락전 현판 뒤의 공포 위에 황금멧돼지가 새겨져 있다고 하여 주목을 받기도 하였다.

금동아미타여래좌상
金銅阿彌陀如來坐像

이 불상은 극락전의 주존불(主尊佛)로 높이가 166cm이며, 현재는 대좌(臺座)와 광배(光背)가 없어졌다. 머리에는 높은 육계가 있으며, 나선형 머리카락이다. 얼굴은 풍만하며 목에는 삼도(三道)가 뚜렷하며 오른쪽 어깨를 드러내었다. 손은 좌우가 서로 반대로 바뀐 것이 특이하며 오른손 셋째 손가락을 엄지와 댈 듯이 굽혀 무릎에 얹었으며 왼손은 들어 바닥을 밖으로 향하고 셋째 손가락을 약간 굽혀 엄지와 댈 듯이 표현하고 있다. 떡 벌어진 어깨, 양감 있

는 가슴, 잘록한 허리 등에서 사실적이면서 세련된 통일신라시대 불상의 모습을 엿볼 수 있으며 조각 수법으로 보아 8세기 후반에 조성된 것으로 추정된다. 국보 제27호로 지정되어 있다.

불국사 비로전에 모셔진 비로자나불좌상(毘盧遮那佛坐像)과 백률사(栢栗寺)의 약사여래입상과 함께 통일신라시대 3대 금동불(金銅佛)의 하나로 손꼽히고 있다.

무설전 無說殿

　　무설전은 불국사 대웅전 뒤에 있는 건물로 『고금창기(古今創記)』에 의하면 여러 건물 중에 가장 먼저 지어진 것이라 한다.

　　문무왕 10년(670)에 왕명으로 무설전(無說殿)을 새로 짓고 의상대사(義湘大師)와 ㄱ 제자인 오진(吾眞), 표훈(表訓) 등에게 『화엄경』의 강론을 맡게 했다고 한다.

　　1593년 임진왜란 때 불타게 된 것을 조선 숙종 34년(1708)에 중창하였다. 그 후 1920년에 무너졌는데, 1972년에 다시 복원하였다. 건물은 높은 기단 축대 위에 조성된 정면 7칸, 맞배지붕이다.

관음전
觀音殿

　　관음전은 무설전 뒤 한층 더 높은 언덕에 있으며, 불국사에서 가장 높은 곳에 있다. 이곳은 불국사 전경을 내려다보기에 가장 좋은 장소로 꼽힌다. 올라가는 계단이 높고 가파른데 이는 관세음보살이 보타락가산(補陀洛伽山, 落山)에 계신다는 것을 표현한 것이다.

751년 김대성이 6칸으로 지어 관세음보살상을 안치하였다. 조선 성종 1년(1470)에 중수하였고, 임진왜란 때 불에 탄 것을 선조 37년(1604)에 옛터에 새로 짓고, 1695년과 1718년 두 차례 수리하였다. 그 후 1969년 발굴 이전에는 주초석만 노출되어 있었을 뿐 하부는 전체가 매몰되어 묻혀 있었다. 정면 3칸, 측면 3칸 사모지붕 건물로, 1973년 새로 중건되었다. 이곳의 관세음 보살상은 본래 922년 경명왕비(景明王妃)가 낙지공(樂支工)에게 명하여 전단향목(栴檀香木)으로 만든 것이다.

속전에 의하면 중생사의 관음상과 함께 영험함이 크다 하여 매우 존숭받았다고 하며 1674년과 1701년, 1769년 세 차례에 걸쳐서 개금(改金)되었다. 마지막 기록으로 보아 18세기 중엽까지는 이 관음상이 있었음이 틀림없는데, 언제 없어졌는지는 확실하지 않다.

현재는 1973년 복원 때 새로 조성한 관음보살입상을 봉안하고 후불탱으로 천수천안관음보살을 그려 놓았다.

불국사 비로전
佛國寺 毘盧殿

　　비로전은 비로자나불(毘盧遮那佛)을 모신 곳이다. 임진왜란 때 불
탄 것을 조선 현종 1년(1660)에 중수하였으나, 그 후 조선 말기에 황
폐화되어 자리만 남아 있었다. 현재 건물은 1973년 복원 공사 때 새
로 지은 것이며 정면 5칸, 측면 3칸이다.

금동비로자나불좌상
金銅毘盧遮那佛坐像

이 불상은 비로전(毘盧殿)에 모셔져
있으며, 얼굴은 반달눈썹에 눈은 아래로
내려다보는 듯 반개(半開)하였고, 인중
을 뚜렷이 두드러지게 새겨 전체적으로
풍만하고 장중한 인상을 풍긴다. 손은
오른손 둘째손가락을 펴고 주먹 쥐어
왼손의 엄지손가락으로 마주대고 주먹
을 쥔 지권인(智拳印)으로 하였는데, 보
통 볼 수 있는 손 모습과는 반대로 되

어 있는 것이 특이하다. 대의(大衣)는 우견편단(右肩偏袒)을 착의하였
는데, 얇게 밀착되어 몸의 굴곡이 여실히 드러나 보이며 이는 신체의
표현에도 역점을 누어 조형성을 잘 보여 주고 있다.

불국사 극락전에 모셔진 아미타여래좌상, 백률사(栢栗寺)의 약사여
래입상과 함께 통일신라시대 3대 금동불(金銅佛)의 하나로 손꼽히고
있다. 조각 수법으로 보아 8세기 후반 혹은 9세기 초에 조성된 것으
로 추정된다. 국보 제26호로 지정되어 있다.

사리탑 舍利塔

이 사리탑은 지대석에는 안상(眼象)을 조각하고 그 안에 꽃을 조각하였다.

8각형의 하대석은 큼직한 연꽃 8잎으로 구성하고 장고 모양의 중대석에는 구름 문양을 조각하였다. 상대석은 아랫면에 9잎의 연꽃을 조각하여 안에 원형을 그리고 윗면에는 연밥을 조각하였다. 원통형의 탑신에는 장식이 있는 기둥을 세워 네 부분으로 나누었다. 각 면에는 얕은 감실(龕室)을 만들어 그 안에

여래상(如來像)과 보살상(菩薩像)을 돋을새김하여 조각하였다.

　기와지붕을 본뜬 지붕돌 아랫부분에는 연꽃을 조각하였으며, 윗부분은 지붕돌에 붙여 조각한 노반(露盤) 위에 띠 장식이 있는 원반형의 복발(覆鉢)을 올렸고 그 위는 없어졌다.

　통일신라시대의 팔각 원당형에서 벗어난 특이한 형태를 보여 주어 고려 초기의 작품으로 추정된다. 1905년 일본인들에 의해 동경 우에노 공원으로 반출되었다가 1933년 도쿄의 나가오라는 제약회사의 사장의 집 정원에서 발견되어 반환된 것으로 28년 만에 제자리를 찾은 것이다. 보물 제61호로 지정되어 있다.

나한전
羅漢殿

나한전은 아라한을 모신 곳을 말하며 법당 내부에는 부처님 당시의 16분의 수행을 잘하셨던 제자들을 모셨다. 주존불로 석가모니불을 양쪽에는 제화갈라보살과 미륵보살을 모셨다.

회랑
回廊

불국사의 대웅전(大雄殿)과 극락전(極樂殿) 주변에는 고대 가람(伽藍) 배치의 전통적인 방법을 따라 동·서 회랑과 남 회랑을 지니고 있다 이 회랑은 근래에 들어와 과거의 유지(遺址)에 의지하여 현재와 같이 복원되었다. 대웅전 일곽의 회랑은 중창 불사 때에는 한 곳도 남아 있는 곳이 없었으나 1968년 발굴 조사에 의하여 위치를 확인하고 그 결

과 현재의 모습으로 복원되었다. 이 지역에서는 전방의 자하문(紫霞門) 양쪽으로 남 회랑을 설치하였는데, 이들은 동쪽의 좌경루(左經樓), 서쪽의 범영루(泛影樓)에 연결되어 다시 동·서 회랑으로 이어져 대웅전과 무설전(無說殿)으로 통하도록 하였다. 극락전 일곽의 회랑은 1973년 중창 복원 때 전부 새로 지어진 것이다. 이곳은 일제강점기 때에 많은 변화가 있어 원래의 모습을 찾기가 어려웠다. 특히 서회랑 부분은 회랑터라 생각되는 유구가 전혀 발견되지 않아 복원이 불가능하였다.

석등과 배례석
石燈·拜禮石

　불국사 대웅전(大雄殿)과 극락전(極樂殿) 앞에는 각각 석등이 1기(基)씩 놓여 있으며 8세기 중엽에 조성된 것으로 추정된다.

　신라시대 전형적인 석등의 형태를 반영하고 있으며, 8각을 기본으로 하여 하대석과 상대석에는 복판(複瓣)의 연화문(蓮華文) 8엽(葉)을

배치하였다. 상·하대석 사이의 간석(竿石)은 소문(素文)의 팔각주를 단조롭게 형성하였으며 상부의 화사(火舍)는 각기 8각이나 방형의 화창(火窓)을 4면에만 나타냈다. 두 석등 모두 개석(蓋石)이 팔각인 것도 일반 신라 석등의 형태와 동일하다. 이들 가운데 극락전 앞에 있는 석등의 상대석은 일찍이 망실되었으나 1925년 수리 당시 하대석을 모방하여 보수한 것으로 알려져 있다. 배례석은 대웅전과 극락전 앞 석등의 바로 앞에 배치되어 있다.

복원되지 못한 건물

불국사에는 많은 건물들이 있는데, 아직 복원되지 못하고 있다. 광학 장장실에 부속된 동별실, 서별실, 사성루, 광명대, 응향각, 오백성중전과에 부속된 동서장랑, 취정문, 향로전, 설선당, 심검당, 화엄루, 지장전에 부속된 봉로대, 남명경대, 육도문 등 유적과 유물들이 있어 그 규모를 대변한다.

석조물
石造物

    불국사 범종각 옆에는 문수보살(文殊菩薩)과 보현보살(普賢菩薩)을 상징하였던 석사자대(石獅子臺)와 코끼리 석대(石臺) 등 석조물이 있다. 1969년 발굴조사 때 출토된 석조물들로 통일신라 8세기 당시의 인도 서역 지방의 조각양식을 전해 주는 조각이다.

석굴암 石窟庵

    석굴암 석굴은 신라 경덕왕(景德王) 10년(751)에 당시 재상이던 김대성(金大城)이 처음 건립하였는데, 처음에는 석불사(石佛寺)라 불렀다.

    토함산(745m)의 동쪽 봉우리 아래에 동남향하여 동해를 마주하고 있는데, 석벽의 석재를 짜 맞추어 인공 석굴을 만든 것으로 석굴은 전방후원의 형식이고 원형 주실과 방형 전실, 간도(間道)로 구성되어 있다.

현재 석굴암 내부에는 석굴 중앙에는 여래좌상이 안치되어 있고, 전실과 굴 입구 좌우 벽에는 금강역사상(2구), 사천왕상(四天王像 4구), 팔부신중상(八部神衆像 8구) 등 입상이 조각되어 있으며, 본존불 주위에는 천부(天部)입상 2구, 보살(菩薩)입상 2구 및 나한(羅漢)입상 10구를 배열하고 본존불 뒤에는 11면 관세음보살(觀世音菩薩)입상 등 총 38구가 안치되어 있다. 또한 천장 주위 10개의 감실(龕室) 안에는 좌상의 보살과 거사(居士) 등이 안치되어 있다. 불교 세계의 이상(理想)과 과학기술 그리고 세련된 조각 솜씨가 어우러진 총체적 걸작이다. 1995년 12월 불국사와 함께 유네스코 세계문화유산 목록에 등록되었다.

석불사(石佛寺) 창건에 관해서는 『삼국유사』 제5권, 효선 제9 대성효이세부모(大成孝二世父母) 신문왕대에서 찾아볼 수 있다. 이 기록의 내용은 매우 간략한데 전체적으로 김대성(金大城)이 현세와 전세의 부모에 대한 효심으로 불국사(佛國寺)와 석불사를 건축했다는 창건 동기와 공사 중에 석불사 주실(主室) 돔 천장의 정상에 놓이는 연화문(蓮花文) 개석(蓋石)이 깨어졌으나 이를 짜 맞추어 시공하였다는 공사 중의 사건 이야기가 포함되어 있다.

불국사의 『고금역대기』에는 1703년 석굴암을 중창하고 굴 앞에 돌계단을 만들었다는 내용과 1718년에 중창했던 화주가 대겸이라는 기록으로 보아 2차에 걸쳐서 중수했다는 것을 알 수 있다. 우담 정시환의 여행기인 『산중일기』에는 무진년(1688) 5월 15일의 기록으로 "산봉우리를 오르는데 몹시 험준하고 가팔랐다. 힘을 다하여 10여 리를 오른 다음 고개를 넘어 아래로 1리쯤 내려가 석굴암에 이르렀다. 석굴에 올라가 보니 모두 인공으로 만들어진 것이다. 석문(石門)

밖 양쪽에는 4, 5개의 큰 바위에 불상을 조각하였으며 그 기교하기 짝이 없다. 석문은 돌을 잘 다듬어 무지개 모양을 했으며, 그 안의 큰 석불상은 살아 있는 듯 엄연한 모습이다. 대좌에 앉아 있는 모습이 균형 잡히고 기교하며, 석굴 위에 덮개돌과 모든 돌들은 둥글고 똑바로 맞추어져 있어 기울거나 어긋난 것이 하나도 없다. 줄지어 서 있는 불상들은 마치 살아 있는 듯하고 이러한 기관(奇觀)은 보기 드문 것이다."라는 기록이 있다. 18세기 초엽에 이르러 석불사는 쇠퇴하여짐에 따라 석굴암이라고 불리게 되었다. 1750년경에 제작된 해동지도의 경주 지방 지도에는 석굴암과 골굴암의 약도가 있어 각각 그 위치와 외관의 모습을 알 수 있다. 그 후 석불사가 일본 사람들의 주목을 받게 된 것은 1908년경에 일본인 통감이 초도순시를 하던 때에 석굴 안의 탑상이 반출되었다고 전하며, 심지어는 일본인 무뢰한에 의하여 본존불 뒷면 하부가 파손되는 사건까지 일어났다. 1912년 불교 신도였던 초대 데라우찌 총독이 석불사를 탐방한 후에 긴급 대책이 수립되었고, 1913년 현지 조사 후에 수리계획이 수립되어 공사가 시작되어 목제 가구가 설치되었다. 1914년에는 석굴을 완전히 해체하고, 1915년 5월부터 석굴의 재조립이 시작되어 그해 9월 15일에 3년간의 제1차 수리공사가 끝나게 되었다. 1920년 9월부터 1923년까지 4년에 걸친 제3차 수리공사는 방수층의 설치와 지하수 처리의 변경 및 입구 경관의 개선이었다. 1958년부터 1961년까지 현지 조사를 실시하고 3년간의 석굴 대책을 논의하였고, 1964년 복원하여 지금에 이르며 잘못 복원되었다는 논란이 여러 차례 있어 현재 많은 학자들이 원형 복원과 구조에 대한 연구를 꾸준히 하고 있다.

석굴암의 구조

석굴암은 세 부분으로 구성되어 있다. 주실은 원통의 벽체로 한정되어 그 위에는 돔이 얹혀 있는 내부 공간이며, 직사각형의 전실은 지붕이 없는 옥외 공간이고, 이 두 부분을 연결하는 직사각형 평면의 비도는 아취형의 지붕으로 덮여 있었으나 현재 전실은 1963년 수리 공사에서 입구의 굴곡부를 전개시키고 목조 가옥으로 덮어서 실내공간으로 만들었기 때문에 원래의 모습을 갖고 있지 않다.

석굴의 평면구조는 전방후원(前方後圓)의 형태를 취하면서 네모진 공간의 전실(前室)과 원형의 주실(主室)로 나뉘어 있다.

주실에는 본존상(本尊像)을 비롯하여 보살과 제자상 등이 있으며, 전실에는 금강역사상과 사천왕상 등을 부조(浮彫)하여 배치하였다.

전실의 기능은 곧 예배와 공양을 위한 장소이다. 천장은 궁륭형의 둥근 양식이며, 그 위에 연화문의 원판을 두어 천개(天蓋)로 삼고 있다. 조각상의 배치는 전실부터 시작하여 팔부신중 8구, 금강역사 2구, 사천왕 4구, 천부(天部) 2구, 보살(菩薩) 3구, 나한(羅漢) 10구, 감불(龕佛) 8구와 본존여래좌상 1구가 있다. 이들 불상의 배치에 있어 두드러진 특징은 무엇보다 좌우가 대칭을 이루고 있다는 사실인데 이는 석굴의 안정감을 한층 더 강조하는 구실을 하고 있다.

석굴 구조에 있어서 기술의 우수성은 둥근 돔의 교묘한 구성과 효과라 하겠다. 돌과 돌 사이 긴 돌못을 끼워서 깊숙이 고정을 시켜 안정감을 더한다.

신라역사과학관에는 석굴암 석굴 구조를 8개의 모형으로 설명하고 있다.

본존불 本尊佛

석굴암의 중앙에 있는 불상으로 법의(法衣)는 오른쪽 어깨를 벗고 왼쪽 어깨에 가사(袈裟)를 걸친 우견편단(右肩遍袒) 양식을 보이고 있다.

수인(手印)은 항마촉지인(降魔觸地印)을 하고 있다. 머리 위에는 육계를 표시했으며 머리는 나발(螺髮)이다. 얼굴은 원만한 모습에 자비를 지니고 있다. 신부(身部)는 매우 당당할 정도의 거구로서 장부의 상을 보이고 있다. 목에는 삼도(三道)가 있으며, 맨 밑에는 평면의 원형으로 된 2단 기대가 있고 이어 복련대가 새겨져 있는데, 복련의 연판은 32개로 웅대하고 화려하다. 석굴의 본존불상 바로 뒤, 전면을 향한 중앙에는 크고 둥근 돌을 새겨 넣어 두광을 만들었다. 석굴암 본존불은 동쪽 동해구를 향해 바라보고 있다.

금강역사상
金剛力士像

석굴암의 전실을 지나 비도(扉道)로 들어가는 입구에 양쪽으로 위치해 있다.

왼쪽 입을 벌리고 있는 금강상을 '아' 금강역사상이라고 하고, 오른쪽에서 입을 굳게 다물고 있는 금강상을 '훔' 금강역사상이라고 한다.

손에 아무런 무기도 들고 있지 않은 것이 특이하다.

일제강점기 제1차 수리 때 굴 내에 쌓인 흙 속에서 금강역사상의 두부 하나와 왼팔 하나, 왼손 하나가 소탑과 더불어 발견되어 현재 국립경주박물관에 있는데 상투머리에 부릅뜬 눈 툭 불거진 광대뼈 등 분노한 모습이 잘 나타나 있으며 코는 크게 표현하였고 꽉 다문 입술은 움푹 들어가 있게 표현을 사실적으로 하였다. 원래는 벽에 부착되었던 것으로 보이며, 이는 현존 금강역사상이 여러 차례의 조각을 통해서 비로소 완성된 작품임을 나타내는 것이거나, 앞서 있었던 조각상이 새로 조성된 것으로 보인다. 이는 현존 금강역사상이 여러 차례의 조각을 통해서 비로소 완성된 작품임을 나타내는 것이거나, 앞서 있었던 조각상이 새로 조성된 것으로 보인다.

국립경주박물관소장

팔부신중상
八部神衆像

　석굴암 전실에 들어서 좌우 양 벽에 각각 4구가 있으며, 순서대로 보면 대체로 부처님을 향해서 우측으로 첫 번째가 가루라(迦樓羅)인데 새벽 또는 태양을 인격화한 신화적인 새로서 금시조(金翅鳥)라고도 하며, 두꺼운 옷을 입고 신을 신었으며 왼손에는 삼지창을 들고 있다. 두 귓가에는 새의 모양의 것이 조각되어 있는데, 다른 상에 비해 훨씬 선명하게 양각되어 있는 것이 특징이다.

　두 번째가 건달바(乾婆)로 인도신화에서는 천상의 신성한 물 소마(Soma)를 지키는 신으로 소마는 신령스러운 약으로 알려져 왔으므로 건달바는 훌륭한 의사이기도 하며, 향만 먹으므로 식향(食香)이라고도 한다. 오른손에는 칼을 쥐고 왼손에는 군지(물을 담은 그릇)를 들고 있다. 세 번째가 천인데 천계에 거주하는 제신(諸神)으로 천은 삼계(三界: 欲界 · 色界 · 無色界) 27천으로 구분되나, 지상의 천으로는 세계의 중심에 있는 수미산(須彌山) 정상의 도리천(利天: 三十三天)이 최고의 천이며, 제석천(帝釋天)이 그 주인이다. 머리 위에 화염을 표시하고 사방을 환하게 비추는 모습으로 표현되었다.

　네 번째가 마후라가(摩羅迦)인데 사람의 몸에 뱀의 머리를 가진

음악의 신이다. 땅속의 모든 요귀를 쫓아내는 임무가 있는 것으로 알려져 있다. '천룡팔부중'에 관한 기록은 『법화경(法華經)』 등 대승 불교 경전에 보이며, 사천왕(四天王)의 전속으로 기술되고 있다. 오른손에 칼을 쥐고 왼손은 구부러진 손바닥을 드러내 보이고 있다. 본존불을 향해서 좌측으로부터 아수라(阿修羅) 인도신화에서는 다면 (多面)·다비(多臂), 즉 얼굴도 많고 팔도 많은 악신으로 간주되었으나, 불교에서는 조복(調伏)을 받아 선신의 역할을 한다. 머리와 발 부분이 없어진 형태로 가볍게 부분적으로 천을 감고 있다.

긴나라(緊那羅)는 인간은 아니나 부처를 만날 때 사람의 모습을 취한다. 때로는 말의 머리로 표현되기도 하며 가무의 신이다. 머리를 기르고 단정하게 서 있으며 왼손에는 삼차극을 쥐고 있다.

야차(夜叉)는 고대 인도에서는 악신으로 생각되었으나, 불교에서는 사람을 도와 이익을 주며 불법을 수호하는 신이 되었다. 머리 위에 사자를 이고 있으며, 가슴 밑에 밧줄을 감고 있는 것이 특징이다.

용은 물속에 살면서 바람과 비를 오게 하는 능력을 가진 존재이다. 호국의 선신(善神)으로 간주되며 팔대용신(八大龍神) 등 여러 종류가 있다. 머리 위에 용을 이고 있으며 왼손에는 구슬을 쥐고 있다.

종합해 보면 오른쪽으로 아수라, 긴나라, 야차, 용인데, 아수라는 얼굴이 세 개고 팔이 8개인 것이 특징이며, 긴나라는 왼손에 창을 쥐고 있고, 야차는 머리 위에 사자를 이고 있다. 용은 머리에 용이 있고 왼손에는 여의주를 쥐고 있다. 왼쪽으로 가루라, 건달바, 천, 마후라가 순인데, 가루라는 머리 양쪽에 날개가 있다. 건달바는 오른손에는 긴 칼 왼손에는 정병을 들고 있다. 천은 머리 위에 화염을 표시하였다. 마후라가는 오른손에 칼을 쥐고 왼손 바닥이 살짝 구부려져 있다.

사천왕상 四天王像

주실을 연결하는 통로의 좌측 우측 벽에 배치되어 있다. 수미산의 사방을 관장한다는 천왕으로 동방지국천왕, 서방광목천왕, 남방증장천왕, 북방다문천왕으로 부른다.

전실 입구를 기준으로 왼쪽에는 앞에 남쪽의 증장천왕(增長天王), 뒤쪽에는 서쪽의 광목천왕(廣目天王), 오른쪽 앞에는 북쪽의 다문천왕(多聞天王: 毘沙門天王) 뒤쪽에 동쪽의 지국천왕(持國天王)이 배열되어 있는데, 모두 악귀를 발로 밟고 있는 형상으로 서 있다. 설명은 동서남북 방향으로 한다.

동방지국천왕은 두 손으로 칼을 들고 있으며 입은 굳게 다물고 있다.

서방광목천왕은 오른손은 가슴에 두고 왼손은 검을 쥐고 있는 자세이다. 얼굴 부분이 따로 제작되어 있어 후대 언젠가 보수된 것으로 추정된다.

남방증장천왕은 검을 양손에 들고 있는 모습이 동방천왕과 유사한 자세이나 발아래에 있는 악귀의 모습이 엎드려 있는 것이 특징이다.

북방다문천왕은 얼굴을 북쪽으로 돌린 표현에 왼손은 옷자락을 쥐고 있고, 오른손은 위로 들어 보탑을 받치고 있다.

십일면관음보살
十一面觀音菩薩

십일면관음보살상은 바로 본존불의 뒷면 둥근 벽의 중앙을 차지하고 똑바로 서 있다. 그 어느 조각보다 정교하게 조각되어 석굴 안에서도 가장 중요한 본존 부처님 바로 뒤에 배치된 이 조각의 양식적 특성은 무엇보다 머리 위에 작은 아홉 개의 얼굴이 있고, 그 위에 다시 한 관음이 있어서 본체와 합하여 십일 면이 있는 관음보살이란 점이다.

긴 몸에 섬세하게 표현된 천의와 온몸을 덮고 흐르는 영락(瓔珞)은 정교한 귀걸이나 목걸이 등과 더불어 그 화려함을 더하고 있다. 오른손은 자연스럽게 내려 장식 띠를 잡고 있고, 왼손은 가슴께에 올려 정병을 들고 있으며, 다리는 약간 벌리고 있다.

대범천과 제석천
大梵天　帝釋天

주실인 원굴에 들어서면 좌우의 천부상 다음에 보살입상이 배치되어 있다. 입구에 접한 첫 번째 상은 본존불을 향하여 오른편의 것이 대범천이고, 왼쪽의 것이 제석천이다. 범천(梵天)은 브라만이 우주창조신이라는 인격신적 성격과 합치될 때 브라마, 즉 범천이 된다. 이 신은 그리 오래전부터 존재한 것이 아니며, 브라마나·고(古)『우파니샤드』,『수트라』등 문헌에 나타나 있다. 서사시에도 자주 나오며 불전(佛典)에서는 '사바주범천(娑婆主梵天)'으로서 불타에게 설법을 권장하기도 하고, 불법(佛法)을 기리며 지키는 신으로도 나온다.

제석천(帝釋天)은 불교의 수호신의 하나로 고대 인도의 신 인드라(Indra)를 수용한 것이다. 석제환인다라(釋帝桓因陀羅)·석가제바인다라(釋迦提婆因陀羅)로 음역하고 줄어서 석제환인·제석천이라 한다. 제(帝)는 인드라의 의역이고, 석(釋)은 샤크라의 음역이다. 경전에는 제석천이 본래 사람이었으나 수행자에게 음식과 재물, 향과 와구(臥具)·등불을 베푼 인연으로 제석천이 되었다고 한다. 제석천이 사용하는 강력한 무기는 인다라망(因陀羅網)이다. 이것은 제석천궁에 장엄되어 있는 그물로 수많은 보배 구슬로 이루어져 있어 흔들면 서로

빛을 발하면서 함께 어우러져 적을 물리친다. 오른손에 불자(拂子), 왼손에 금강저(金剛杵)를 쥐고 있는데, 불자는 중생의 번뇌를 벗어나 마음을 털어내는 도구이며, 금강저는 인간의 탐욕과 죄악을 씻어주는 지혜와 강력한 제석천의 위력을 상징한다.

문수보살과 보현보살
文殊菩薩 普賢菩薩

본실 입구 두 번째 열에 배치된 보살상으로 오른쪽이 보현보살, 왼쪽이 문수보살상이다. 설명 책자마다 다소 차이는 있다.

문수보살은 몸을 왼쪽으로 틀어 본존상을 향하고 있으며, 상호는 아주 단아하다. 긴 구슬을 꿰어 만든 목걸이를 목에 하고 있으며, 천의는 복부에서 무릎 사이로 4개가 같은 곡선을 그리며 가로지르고 있고 오른손은 내려서 손가락을 구부리고 있으며, 왼손은 가슴에 올려 경책(經冊)으로 보이는 두루마리를 들고 있다. 입술에 분홍빛이 감돌며, 두 발은 약간 벌려 서 있다. 대좌는 보현보살의 연꽃대좌보다 장식이 도드라진다.

보현보살은 문수보살과 함께 모든 보살의 으뜸이며, 보관을 쓰고 있고, 머리에는 원형의 두광을 두르고 어깨에 장식한 띠는 길게 드리워져 있다. 얼굴은 단아하며 손목에는 팔찌를 하고 있고 오른손에 잔(盞)을 들고 있는 모습이 특이하다. 가슴에는 화려한 목걸이와 긴 영락을 두르고 있다. 발은 연꽃대좌 위에 가벼운 샌들을 신었으며 천의와 보관이 비교적 단순하게 표현되었다.

문수보살은 문수사리보살이라고도 한다.

보현보살은 문수보살과 함께 모든 보살의 으뜸이다.

십대제자
十大弟子

석굴 후벽 중앙에 십일면관음보상을 안치하고 그 좌우에 곧 이어서 각각 5구씩 나한(羅漢) 입상을 배치하였는데, 이들이 십대제자상이다.

문수보살에 이이 열 번째 제자부터 여섯 번째 제자와 실일면관음보살상을 만나게 된다. 십일면관음보살상부터 옆으로 다섯 번째 제자부터 첫 번째 제자에 이어 보현보살과 제석천을 만나게 된다. 석가여래의 제자 중에서 이름이 높은 수제자 10인을 말하는 것으로 전해지는데, 각양각색의 모습을 하고 있는 이들 나한상은 동양에서도 첫째로 꼽을 만큼 훌륭한 부조상을 하고 있다.

십대제자상에서 특히 주목되는 것은 이들 얼굴의 다양한 표현이다. 긴 얼굴에 각기 다른 골상을 보이는 서구적인 모습의 이들 제자상은 모두 머리를 깎았으며 큰 코에 야윈 얼굴을 하고 있다. 자세 또한 정면 또는 측면의 변화를 보이고 있으며 의상의 모양도 서로 다르다. 경권, 향로, 정병 등 각기 손에 들고 있는 것에도 차별이 있어 여러 가지의 특색을 보인다. 석가의 제자 중 사리불·목건련·가섭·아나율·수보리·부루나·가전연·우바리·나후라·아난다 10명을 이르는 말이다. 사리불은 지혜가 가장 뛰어나며 사리불다·사

리자·사리푸트라 등으로 불린다. 원래 바라문족 출신으로 바라문교를 믿었으나 목건련과 함께 불교에 귀의하였다. 허리를 구부린 자세로 가슴에 둔 왼손은 기물을 잡고 있고, 오른손은 들어 설법을 하고 있는 모습이다.

목건련은 신통력이 가장 뛰어나다. 마하목건련·목련·마하모옥 갈나라고도 한다. 바라문 출신으로 죽림정사에서 부처를 만나 제자가 되었다. 신통력으로 지옥에서 고통받는 어머니를 구했다고 하며, 육신통이라고 해서 6가지 신통력을 지닌 인물로 알려졌다. 육신통은 첫째, 육안으로 볼 수 없는 것을 볼 수 있고 둘째, 보통 귀로는 들을 수 없는 것을 들을 수 있으며 셋째, 사람의 마음을 읽을 수 있고 넷째, 전생을 알 수 있는 능력을 갖췄으며 다섯째, 주위 환경을 마음대로 변화시킬 수 있고 여섯째, 번뇌를 스스로 끊을 수 있는 능력이다. 오른손에는 불자를 왼손에는 지물을 쥐고 있다.

가섭은 번뇌를 없애고 불도 수행에 성의를 다하는 두타(頭陀)의 일인자이다. 대가섭·마하가섭·마하카샤파라고도 한다. 부처의 심인(心印)을 전수받았으며, 부처 입멸 후 교단을 통솔해 500명의 장로를 모아 1차 결집을 주도하였다. 선종(禪宗)의 제1조이다. 고개를 숙인 모습으로 표현되었다.

아나율은 원근·전후·상하·주야를 마음대로 볼 수 있는 눈, 곧 천안(天眼)을 지녔다. 아니루타라고도 한다. 석가의 사촌동생으로 아난과 함께 출가하였다. 부처가 설법할 때 졸다가 꾸중을 들은 뒤 밤잠을 자지 않고 정진해 도를 얻었다. 무리한 수행으로 눈이 멀었으나 모든 것에 통하지 않는 것이 없었다. 손에 무엇인가를 쥐고 있는 듯이 표현한 것은 바로 천안의 능력을 나타낸 것으로 볼 수 있다.

수보리는 사위국 바라문족 출신으로 지혜가 총명하였다. 공(空)의 이치를 분별하는 데에는 으뜸이었다고 한다. 옆면 관으로 조성되어 있으며 두 손을 모아 가슴께에 두고 바로 선 자세에 어깨를 굽혀 공경의 자세를 표현하였다.

부루나는 바라문족 출신으로 설법을 잘하는 제자였다. 당시 포악한 수로나국에 가서 500명을 설법으로 교화시키고 500개의 사원을 세웠다고 한다. 오른손에는 정병을 들고 왼손은 위로 올리고 두 발은 살짝 벌린 채 생각을 하면서 널리 설법을 하고 있는 자신만만한 모습이다.

가전연은 논의(論議)를 잘하였고 마하가전연 또는 가전연자라고도 한다. 서인도의 아반티국 찰제리족 출신으로 왕명을 받들어 부처를 영접하러 왔다가 출가하였다. 잘잘못을 가려 논박을 잘하는 제자였다.

우바리는 계율을 가장 잘 지켰다. 수다라족 출신으로 본래는 샤카족 왕가의 이발사였다. 샤카족의 남자를 따라 출가하려 할 때 천민 출신이라는 이유로 다른 사람들이 꺼렸으나 부처가 허락하였다. 왼손을 옷 속에 넣은 채 오른손을 올려 엄지손가락과 둘째손가락으로 둥근 원의 모양을 하고 셋째 손가락을 쭉 펴들어 설법의 상을 표시하고 두 발은 활짝 밖으로 벌렸고, 얼굴은 매우 굳은 의지를 잘 표현하였다.

나후라는 부처의 아들로 밀행(密行)을 가장 잘하였다. 밀행의 본뜻은 비밀히 다니는 것을 말한다. 비밀스럽게 다니는 것처럼 남모르게 수행을 열심히 하였다.

아난다는 부처의 법문을 가장 많이 들은 제자로 아난이라고도 한다. 부처의 사촌동생으로 부처를 가까이 모시며 설법을 들었다. 가섭이 제1차 결집을 했을 때 부처에게 들은 것을 알려 경전을 집필하는데 큰 공을 세웠다. 십일면관음 왼쪽에 있으며, 앞면 관으로 활달한 분위기이며 오른손은 멀리 펴 옷자락을 잡고 있고, 왼손은 가슴께에 옷자락을 잡고 있다.

감실(龕室) 내 조각상

　십대제자 입상들의 머리 위에 돌을 두르고 그 위에 10개의 감실 (龕室)을 설치했다. 감실 안에는 환조로 된 보살상 7구와 유마거사상 (維摩居士像)으로 보이는 나한상 1구가 앉아 있다. 현재 2개의 감실 은 비어 있는데 일본으로 반출되었다고 한다. 이 2개의 감실 안에 어떤 조상(造像)이 있었는지는 확인되지 않고 있다.

　감실 안의 보살들은 본존 여래의 얼굴을 바라보면서 설법을 하 고 있는 모습이다. 자세와 표정이 각양각색이면서도 각기 독특한 예술적 가치를 잃지 않았다. 크기는 83㎝에서 92㎝ 내외이다.

지장보살상은 정면 관 좌상으로 양감이 풍부하며 가사는 통견으로 어깨에 가는 묶음띠 매듭이 보이고, 가사 주름은 평행면과 도드라져 본존상의 옷 주름과 유사성이 보인다. 관음보살상은 왼손에 정병을 들었고, 보관에는 입상의 화불이 있다. 오른쪽 중앙의 미륵보살상은 가부좌하여 정면으로 단정하게 앉은 형태로 높은 보관을 쓰고 있다.

특이한 것은 미륵보살, 관음보살, 문수보살 등 보살들 틈에 전혀 색다른 유마거사가 끼여 있다는 점인데, 머리 깎고 중이 되지 않더라도 부처님의 세상에 들어갈 수 있다는 희망을 심어준다. 머리에는 두건을 쓰고, 전체가 아직 완성되지 않은 미완성의 상으로 보이며 두광도 배광도 없다. 원래 감실 뒤에는 환기와 통풍을 위한 공간이 있었다고 하는데, 일제강점기에 해체·복원할 때 시멘트로 막아 버려 공기순환이 자유롭지 못해 이슬이 맺히는 결로 현상이 더 심하게 됐다.

삼층석탑

이 탑은 석굴암에서 동북쪽으로 약 150미터 정도 떨어진 곳에 있다. 이중 기단(基壇)은 원형과 팔각으로 되어 있어 특이하며 그 위로 탑신(塔身)을 3층으로 쌓아 올렸다. 기단이 매우 독특하여 주목된다. 지붕돌은 각 층 3단의 층급받침을 이루고 있으며, 낙수면은 경사가 완만하고 네 모퉁이에서 살짝 반전을 주고 있다.

상륜부(相輪部)에는 노반(露盤)과 복발(覆鉢)이 남아 있으며, 노반은 3층 지붕돌과 한 돌로 되어 있다. 1963년 해체·보수되었으며,

조각수법으로 보아 통일신라 8
세기 말에 만들어진 것으로 추정
된다. 보물 제911호로 지정되어
있다.

석굴암에서 없어진
예술품

　석굴암의 탑상(塔像)은 일제강
점기에 적지 않은 훼손을 당하였
다. 석굴암 11면의 관음보살(觀音菩薩) 앞에 있던 소탑(小塔)은 1909
년 봄 일본의 모대관(某大官)이 다녀간 후 어디론가 자취를 감추어
버렸다고 한다. 또한 감실(龕室) 내의 두 보살상도 일본인들에 의하
여 반출된 것으로 전해지고 있다.

골굴사 骨窟寺

　　골굴사는 선무도의 총본산으로 유명하며 그 역사는 기림사와 거의 같은 시기에 창건된 듯하다. 1864년 정시한의 『산중일기』에 마애불에 대한 묘사를 하고 있는데, 여러 채의 목조와가로 지어진 전실에 석굴사원이 있는데 그 모습은 병풍을 보는 것처럼 아름답다고 하고 있고, 1773년 겸재 정선이 그린 교남 명승첩에도 나올 정도이다. 1740년 제작된 해동지도에도 이 건물의 전실이 목조와가로 표현되어 있다. 이후 역사는 근래 들어 기림사가 매입하여 불국사의 말사로 등록하였다. 대적광전에는 비로자나 삼존불이 모셔져 있고, 관음굴, 약사굴, 나한굴, 지장굴 등 여러 개의 자연석굴 법당이 있으며, 높은 암벽 위에 보물 제581호로 마애여래좌상이 있다.

마애여래좌상
磨崖如來坐像

　수십 미터 높이의 암벽에 있으며, 자연 굴을 이용하여 만든 12개의 석굴 중 가장 윗부분에 앉아 있으며 높이 4m의 마애불이다. 높다란 육계와 무뚜렷한 얼굴, 가는 눈, 작은 입, 좁고 긴 코의 독특한 이목구비(耳目口鼻)와 얼굴 전체에 웃음을 띤 형태 등은 형식화가 진행된 불상의 특징을 잘 나타내고 있다. 이러한 특징은 건장하지만 평면화된 몸체, 얇게 빚은 듯한 계단식으로 평행되게 한 옷 주름, 무릎에서 형식적으로 나타낸 물결 옷 주름과 겨드랑이의 꺽쇠주름 등에서도 잘 나타나고 있다. 광배(光背)는 불꽃무늬로 장식되어 있다. 오른팔은 늘어뜨려서 무릎에 얹은 항마촉지인(降魔觸地印)으로 추정되며 팔목 밑 이하는 절단되었다. 옷 주름은 규칙적인 평행선이 주류를 이루고 있으며, 겨드랑이 사이에는 팔과 몸의 굴곡을 표시한 V자형 무늬 혹은 꺽쇠주름이 있다. 평면적인 신체와 계단식의 옷 주름, 겨드랑이 사이의 U자형 옷 주름 등이 867년에 조성된 축서사 비로자나불좌상(보물 제995호)과 유사한 작품으로 보인다. 조성 연대에 대해서는 8세기 중엽, 9세기 후반설이 있다.

　『기림사사적기(祇林寺事蹟記)』에는 골굴암에 열두 굴이 있었다고
하는데, 이 불상은 그 주불인 듯하다. 불상의 재질에 대해서는 석회
암, 응회암으로 되었다는 의견이 있으며, 풍화로 인하여 손상이 심해
굴 자체는 물론 불상도 많은 손상을 입었다. 1988년 원형의 유리돔
을 천장으로 설치하여 불상을 보호하고 있다. 보물 제581호로 지정
되어 있다.

기림사
祇林寺

기림사는 함월산 자락에 있으며 인도 범라국 사문 광유성인(光有 聖人)이 창건하였으며 조그만 암자를 세워, 이름을 임정사(林井寺)라 하였다.

절이 창건된 지 백오십년 후 신라 선덕여왕 때 원효(元曉)대사가 절을 확장하고, 이름을 부처님 당시의 최초의 절인 기원정사의 이름 을 따서 기림사라 개명하였다. 조선 선조 11년(1578) 축선(竺禪)이 중 창하고, 정조 때 경주 부윤 김광묵(金光默)이 사재를 털어 중수하였 다. 고종 15년에 중수하였으며 그 후 1905년 혜훈(慧訓)이 다시 중수 하였으며, 1900년대에 이르러 대대적인 중수를 하고 계속 중창하여 오늘에 이른다.

기림사는 조선시대 31대 본산(本山)의 하나로 불국사(佛國寺)를 비 롯하여 60여 개의 말사(末寺)를 관리하는 큰 사찰이었으나 해방 이 후 교통의 불편과 사세가 위축되어 현재는 불국사의 말사로 되어 있 다. 신라 제31대 신문왕이 감은사의 앞바다 대왕암에서 용으로부터 옥대와 만파식적을 만들 대나무를 얻고는 돌아가는 길에 기림사 서 쪽 시냇가에 이르러 수레를 잠시 멈추고 점심을 먹었다. 『삼국유사』

제2권 기이 제2 만파식적 기림사에는 5종류의 샘물(五井水)로 유명한데 물을 마시면 눈이 밝아진다고 하는 명안수(明眼水), 이 물을 마시면 천하무적의 장군이 된다고 하며 혹시 반역자가 생길까 봐 우물 위에다 석탑을 세웠다고 하는데 현재 응진전 앞 삼층석탑 밑에 묻혀 있는 장군수(將軍水), 마실수록 마음이 편안해지고, 대중들이 이 물을 마시며 정진하면 서로 화합한다는 화정수(華井水), 물빛이 우윳빛이지만 일단 바가지로 뜨면 무색으로 이 물로 차를 끓이면 최고로 맛있는 차가 된다는 북암의 감로수(甘露水), 물맛이 하도 좋아 까마귀가 쪼아서 먹었다고 하는 천왕문 앞의 오탁수(嗚啄水)이다.

지정문화재로는 대적광전(보물 제833호)과 내부에 모셔진 소조비로자나삼존불(보물 제958호)을 비롯하여, 건칠보살좌상(보물 제415호), 비로자나불 복장전적(보물 제959호), 응진전(유형문화제 제214호), 삼층석탑(유형문화재 제205호), 약사전(문화재자료 제252호), 진남루(유형문화제 제205호) 등 많은 성보 문화재들이 남아 있다.

대적광전
大寂光殿

    기림사의 중심 건물로 신라 선덕여왕(善德女王) 12년(643)에 처음 건립된 것으로 전한다. 조선 인조 7년(1629)에 고쳐지었다. 정조 17년(1793) 경주 부윤 김광묵(金光默)이 재물을 내서 불사를 일으키고 동종(銅鐘)도 조성하였다. 철종 13년(1862)에 큰불이 나서 경내 건물은 소실되었으나 대적광전만은 화를 면하였고, 1878년과 1905년에 다시 지었다.

건물은 정면이 5칸, 측면이 3칸이며 단층 맞배지붕으로 다포식(多包式) 건축양식을 보이고 있다. 겉모습은 웅장함을 갖추었으며, 내부는 넓고 화려하여 장엄한 분위기를 간직하고 있다. 전면에는 모두 화려한 꽃 창살문을 달았는데 색이 바래 화려한 꽃창살 조각의 느낌이 포근히 전해진다. 넓은 전각 안은 장엄한 맞배식 건물의 특성이 그대로 드러나며, 단청이 퇴색하여 느낌이 더 고색창연하다. 견실한 구조와 장엄한 공간 구성이 돋보이는 조선 후기 대표적 불전 가운데 하나이다. 1978년에 제7차 중수가 있었고, 1997년에는 완전 해체 수리가 이루어졌다. 보물 제833호로 지정되어 있다. 건물 내부 삼존불 우측 옆에는 건륭 58년경(조선 정조 17년(1793))의 청동으로 만든 종이 있는데 상단에는 보살상과 유곽이 하단에는 팔괘(八卦)가 둘려 있다. 종신의 명문에 의하면 비구 가성해성이 시주하였다고 하며, 천판에는 1916년 임화순이 종을 보수한 기록이 있다.

소조비로자나 삼존불상
塑造毘盧遮那 三尊佛像

　　대적광전 내부에 모셔져 있으며 삼신불(三身佛)로 흙으로 빚은 것인데, 가운데 불상은 법신불인 비로자나불이다. 비로자나불은 나선형 머리칼을 표현한 머리 위에 살상투를 틀고 있고 그 아래에 붉은색 계주를 띠었다. 당당한 몸체에, 겉옷을 양어깨 걸치고 있다. 왼손은 주먹을 쥐고 둘째손가락을 펴서 오른손 엄지와 마주 잡고 나머지 손가락은 주먹을 쥔 가짐을 하고 있다. 손 아래로 바지의 끈 매듭이 조금 보인다.

왼쪽 불상은 보신불인 노사나불(盧舍那佛)이며, 오른쪽 불상은 화신불인 석가모니불(釋迦牟尼佛)이다. 양쪽 불상은 본존인 비로자나불과 거의 같은데 손 모습만 다르다. 왼손은 아래로 내려 무릎에 놓을 듯하게 하고 오른손은 앞으로 내어들고 있다. 바지를 묶은 끈 위로 섶을 큼직하게 표현하였다. 이 두 불상은 서로 구분이 되지 않을 정도로 거의 같게 만들었다. 양식적 특징으로 보아 16세기 전반기의 불상으로 추정된다. 보물 제958호이다.

비로자나불 복장전적

이 책들은 대적광전(大寂光殿)에 본존불로 모셔진 비로자나불상 속에 모셔져 있던 불경들로 현재 유물 전시관에 있다. 불상 안에서 나온 전적은 모두 54건 71책으로 고려시대에서 조선시대에 걸친 것인데, 12세기의 목판본과 사경(寫經)에서 17세기의 목판본에 이르기까지 그 간행시기가 6세기에 걸친 것이다. 고려시대의 전적 연구에 있어서 매우 중요하며 12세기~15세기에 걸친 목판본의 불경은 당시의 인쇄 수준과 불교사상을 연구하는 데 귀중한 자료이며 보물 제959호로 지정되어 있다.

약사전 藥師殿

    대적광전 옆에 있으며 1600년대 이전에 건립된 것으로 추정된다. 기림사 사적기(寺蹟記)에 대적광전(大寂光殿) 동쪽에 위치하고 있다고 기술하고 있으며, 중건기(重建記)에는 조선 효종 5년(1654)에 중창되었다고 한다.

숙종 4년(1678) 약사법당을 중수하였다는 기록이 전하므로 약사전은 1600년대 이전에 건립되었음을 알 수 있다. 정면 3칸 측면 1칸의 다포계(多包系) 맞배집으로 우물마루를 깔고 전통 칸으로 하여 어칸(御間) 후편 벽에 기대어 불단(佛壇)을 마련하였다. 일반적으로 측면에 출입문을 설치하나 여기서는 정면에 문을 두었다. 대적광전과 유사한 치목수법을 보이며, 내부에는 약사여래불을 모시고 있고, 경상북도 문화재자료 제252호이다.

2008년 12월 약사전 삼존불의 개금불사 도중 기존 조선 후기로 알려진 불상이 덧칠된 사실을 확인했으며, 덧칠을 벗겨내는 과정에서 연주황, 주황, 녹색이 칠해진 채색 소조불상이라는 점이 밝혀졌다. 약사불과 보현보살, 문수보살로 이뤄진 삼존불은 얼굴 부분을 제외한 불상 대부분이 목불이라는 점에서 주목되며 통일신라 후기부터 일제강점기를 지나는 동안 다섯 차례 정도 보수작업이 이뤄진 것으로 확인되고 있다. 한편, 불상 내부에는 고려시대 간행된 천태사교의를 비롯해 강희 18년(조선 숙종 5년, 1679) 중수기 가사, 적삼, 저고리, 후령통 등 중요 복장 유물들이 발견됐다.

응진전
應眞殿

    신라 선덕여왕(善德女王) 때에 지은 것으로 전하며 아라한(阿羅漢)을 모신 건물로 조선 후기에 중건한 것으로 추정된다.

    정면은 5칸이고 측면은 2칸으로 겹처마 맞배지붕이다. 익공 위에는 새 모양 장식이 있으며 모양이 각기 달라 이색적이다.

막돌 장대석을 한 단 쌓은 낮은 기단 위에 주춧돌을 놓고 앞·뒷면에는 둥근 기둥을 하고 옆면에는 네모기둥을 세웠다. 내부에 모셔진 500나한상은 조선 영조 5년(1724)에 금산사에서 온 4명의 승려와 기림사 승려에 의하여 조성된 것이다. 석가삼존불은 1729년 옥돌로 만들어 봉안된 것이라 한다. 전체적으로 보아 18세기 조선 후기 건축양식을 갖추고 있으나 부분적으로 조선 중기의 특징을 보이고 있다. 수평적 느낌이 강한 단아한 건물로 경상북도 유형문화재 제214호로 지정되어 있다.

삼층석탑

응진전(應眞殿) 앞에 있으며 이중 기단의 삼층석탑이다. 1층 기단은 덮개돌이 남아 있고 2층 기단은 면석에 모서리기둥과 2개의 안기둥을 조각하여 덮개돌을 올렸다. 탑신부는 각층의 몸돌과 지붕돌을 1개의 돌로 만들었다. 1층 몸돌에는 모서리기둥이 조각되었고 지붕돌에는 받침이 4단으로 되어 있다.

2층과 3층도 1층과 같이 모서리기둥을 조각하고 4단의 지붕돌을 올렸는데 올라가면서 크기를 줄여 안정되게 하였다.

기림사에 있었던 장군수(將軍水)를 메우고 세워졌다고 전하며, 조각수법으로 보아 통일신라 말에서 고려 초기의 작품으로 추정된다. 경상북도 유형문화재 제205호로 지정되어 있다.

목탑지

목탑지는 약사전 앞에 주춧돌만 남아 있는데 1변의 길이가 약 14m, 높이가 약 0.5m 되는 토단 위에 가로, 세로 각 4개씩 모두 16 개의 초석이 남아 있어 탑의 크기가 정면 3칸, 측면 3칸으로 추정되고, 중앙에 찰주(擦柱)를 세우고, 사리공을 장치하였던 심초석이 남아 있다.

진남루
鎭南樓

이 건물은 기능이나 용도 및 건립 연대는 정확하지 않다. 진남루란 명칭은 사적기(寺蹟記)에 의하면 무량수전야차유진남루(無量壽殿也叉有鎭南樓)라 하여 위치에 대한 언급만 있을 뿐이다. 임란(壬亂)때 기림사가 수군(水軍)과 승병(僧兵) 활동의 근거지로 활용되면서 붙여진 이름이 아닌가 추측되며, 호국사찰의 진모를 보여 준다.

정면 7칸, 측면 2칸의 누각이다. 일반적으로 누(樓)라면 중층 건물이나 다락집의 형상을 의미하나 여기서는 일반적인 형태를 벗어나있다. 전통 칸으로 우물마루를 깔았고 판벽에 창호를 설치하였으나현재 사용 용도가 바뀌게 되면서 창호가 개체되어 원형을 알 수 없다. 경상북도 문화재자료 제251호로 지정되어 있다.

부처재 석불좌상

현재 유물 전시관 입구에 있는데 원래 이 불상은 당시 경북 월성 군 양북면 호암리 도통골 옛길에 감포길을 가다가 추령 관해동재에 서 부처재를 거쳐 가는 고개 노변에 방치되어 있던 것이다.

화강암재 석불로 대좌와 광배 일부를 갖추고 있으며 각부 전체가 단일석으로 조각된 점과 방형 대좌가 주목된다. 대좌는 상·중·하 로 구분되며 중대석 각 면 우측에 우주를 조각하고 그 안에 안상을 새겨 놓았다. 비록 불두는 없으나 방형 대좌 등 조각수법으로 보아 통일신라 후기 또는 고려 초기 불상으로 추정된다.

기림사 소장유물

기림사에서 소장하고 있는 유물 가운데 3종류 10점으로 유물전시관에 있으며 경상북도 문화재자료 제301호이다.

치미(鴟尾)는 건물의 용마루 양 끝을 장식하는 돌로 전체적으로 많이 파손되어 있고, 몸통에 꽃무늬 2개가 남아 있다. 조각 수법으로 보아 통일신라시대의 작품으로 추정되고, 치미 가운데 돌로 된 것으로는 주목된다.

금구(金口) 1점은 크기가 직경 70, 두께 11.5, 뒷면 입지름 56㎝이다. 청동으로 만들었고 뒷면의 글에 강희(康熙) 61년이라고 되어 있다. 앞면에는 원을 3개 그리고, 가장 바깥에는 산스크리트문자인 범자 5개를 새겼다. 그 안쪽에는 11개의 잎을 가진 꽃문양 넷이 있다. 세 곳에 고리가 달려 있어 고정시킬 수 있도록 하였다. 나무로 된 비(碑) 8점은 조선시대 후기의 작품으로 절의 수리 상황을 알려 준다는 점도 중요하지만, 돌이나 철로 된 비는 많으나 나무로 된 비는 흔하지 않아 중요하다.

건칠보살좌상
乾漆菩薩坐像

 기림사 유물전시관에 있는 이 불상은 보물 제415호로 기림사의 대표 문화재이다. 진흙으로 속을 만들고 삼베를 감고 그 위에 진흙가루를 발라 묻힌 다음 속을 빼버렸고 겉에는 옻칠을 하고 금을 입혀 속이 빈 불상이다. 이 불상을 보통 반가상(半跏像)이라고 하나, 오른발을 아래로 내리고 왼발도 무릎에서 내린 유희좌(遊戱坐)이다.

 전체적으로 아주 정교하게 만들어서 눈썹과 눈동자, 입술, 콧수염,

머리칼 등을 표현하였다. 머리 위에는 보계(寶髻)라고 하는 상투를 틀고, 보관(寶冠)이라고 하는 관을 씌웠다. 귀밑머리가 길게 표현되고 귀걸이를 하였다. 목걸이도 화려하게 장식하고 3줄로 드리웠다. 겉옷은 양어깨에 걸치고 있으며 바지는 앞의 끈 매듭을 특히 섬세하게 표현하였다. 옷자락은 대좌(臺座)를 덮어 흘러

내리고 있다. 나무로 만든 대좌에 먹으로 쓴 글씨에 의하면 "弘治十四年□□正月始至四月初八日 新羅含月山西水庵堂主造洛山□觀音菩薩造佛……."이라는 기록이 있어 연산군(燕山君) 7년(1501)에 만든 관음보살이라는 것을 알 수 있다.

건칠불은 주로 14~15세기경에 제작됐는데, 몸체는 가벼우며 천을 사용했기 때문에 불상의 옷 주름, 얼굴의 선이 목조나 석조와 달리 유려하고 부드럽다. 하지만 삼베나 모시를 겹쳐 가며 칠을 입혀야 하기 때문에 극도의 섬세함이 요구되며 제작에 돈도 많이 든다.

기림사 건칠보살좌상 이외에 보물 993호 영덕 장육사 건칠보살좌상, 보물 1,362호 낙산사 건칠관음보살좌상, 봉화 청량산 건칠 약사여래좌상, 나주 불회사 건칠비로자나불좌상, 나주 심향사 건칠아미타여래좌상 등이 유명하다.

승탑 僧塔

　기림사 입구 주차장에 1기가 남아 있는데 조선 후기의 석종형 부
도이다. 지대석 일부는 땅에 묻혀 있고 앙련으로 연꽃무늬를 둘러
조각하였다. 외부에는 별다른 무늬가 없으며 반구형의 보주를 상부
에 장식하였다. 주인공은 중앙에 제액(題額)이 있으며 당호가 새겨진
듯하나 마멸이 심하여 알 수 없다.

용연 龍淵

  기림사 뒤편 골짜기 서쪽 약 1km 지점에 있으며, 현재 상수도 보
호구역 내에 있어 일반인들의 출입이 금지되고 있다. 『삼국유사』에
는 신라의 신문왕이 문무왕의 산골처(散骨處)인 동해 대왕암(大王巖)
에서 만파식적(萬波息笛)의 대나무를 얻어 올 때 기림사 서쪽 시냇
가에서 점심을 먹었다. 이때 뒷날 효소왕이 된 태자가 이 소식을 듣
고 대궐로부터 달려와 하례하고 옥대(玉帶)의 쪽 하나를 떼어서 시냇
물에 넣었더니 곧 용(龍)이 되어 하늘로 올라가고 그 땅은 못이 되었다.
이 못이 바로 용연(龍淵)이다.

백률사
栢栗寺

　금강산(金剛山) 중턱 기슭에 위치한 사찰로 법흥왕 때 창건되었고 신문왕대에 중창되었다고 전한다. 이차돈의 순교를 추모하기 위해 세운 절로 자추사(刺楸寺)가 원래 이름으로 '자추'는 잣이니 백률이란 뜻이기도 하다. 백률사에 있었다고 하는 대비관음상(大悲觀音像)은 중국의 장인이 중생사(衆生寺)의 관음소상(觀音塑像)을 만들 때 함께 만든 것이라고 전해 오며, 관음상에 얽힌 영험이 효소왕 2년(693)에 있었던 것으로 기록되어 있다. 고려 중기의 학자였던 정지상, 전사경, 고려 말기 시인 박효수 등이 지은 시에 백률사에 관한 명칭이 보이고 있어 그 역사를 증명한다.

　『신증동국여지승람』에는 절에는 전단(栴檀)나무로 조각한 불상이 있다. 전사경(全思敬)의 서루기(西樓記)에 계림에 있는 누각들 가운데서 백률사의 누가 가장 훌륭하다고 하였다. 이후 임진왜란이 끝난 뒤 경주의 부윤 유승순이 중수한 기록이 남아 있는데, 이적(異蹟)을 남긴 관음상은 그때 이미 없어진 것으로 추정되며, 대웅전에 봉안되어 있던 금동약사여래상(金銅藥師如來像)과 이차돈순교석상(異次頓殉敎石像)은 1927년 경주박물관에 옮겨졌으며 현존하는 건물로는 대웅전과 선원, 요사채가 있다.

대웅전

　백률사의 중심 건물로 앞면 3칸·옆면 3칸 규모로 지붕은 맞배지
붕이다. 대웅전에 모셨던 금동약사여래입상은 불국사의 금동아미타
여래좌상, 금동비로자나불좌상과 함께 통일신라시대 3대 금동불 중
하나로 현재는 국립경주박물관 미술관에 전시되어 있다. 마당에는
대비관음상이 도리천에 올라갔다가 돌아와서 법당에 들어갈 때 밟았
던 발자국 자리라 전하며 돌 위에 남아 있다. 경상북도 문화재자료
제4호로 지정되어 있다. 대웅전 앞의 거대한 자연 암반에는 상륜부
를 갖춘 마애탑이 조각되어 있다.

경주지역 마애탑은 남산 탑곡의 마애조상군 북면 중에 2기와 안강읍 근계리에 있는 용운사 석불입상 광배 뒷면에 조각한 마애탑이 있다.

백률사 금동약사여래입상

백률사 대웅전에 있던 것을 1930년에 국립경주박물관으로 옮겨 놓은 것이며, 전체 높이 1.77m의 불상으로 등신대의 입상이다. 머리는 신체에 비해 크지 않은 편이며, 둥근 얼굴·긴 눈썹·가는 눈·오뚝한 코·작은 입 등에서는 우아한 인상을 풍기고 있지만 8세기 중엽의 이상적인 부처의 얼굴

에 비해 긴장과 탄력이 줄어든 모습이다.

커다란 체구에 비해 어깨는 약간 빈약하게 처리된 느낌이지만 어깨의 굴곡은 신체에 밀착된 옷을 통해 잘 드러나고 있다. 양어깨를 감싸고 입은 옷은 두 팔에 걸쳐 흘러내리고 있으며 앞가슴에는 치마의 매듭이 보인다. 앞면에는 U자형의 주름을 연속적인 선으로 그리고 있는데 조금은 도식적으로 표현되어 있다. 신체는 아래로 내려갈수록 중후해지며 옷자락들도 무거워 보이는데, 이것은 불쑥 나온 아랫배와 뒤로 젖혀진 상체와 더불어 불상의 특징을 잘 보여 주고 있다. 두 손은 없어졌으나 손목의 위치와 방향으로 보아 오른손은 위로 들어 손바닥을 보이고, 왼손에는 약그릇이나 구슬을 들고 있었던 것으로 보인다. 옷 주름의 표현 방식에 있어 한 단씩 걸려 주름의 선을 가운데에서 끊은 것은 두 다리의 윤곽을 나타내기 위한 것으로, 이런 조각 수법으로 보아 9세기 초에 제작된 것으로 추정된다.

불상의 표면은 얼굴 등 피부에 도금 흔적이 있으며, 다소 평면적인 느낌을 주지만 신체의 적절한 비례와 조형기법이 우수하여 불국사 금동비로자나불좌상(국보 제26호), 불국사 금동아미타여래좌상(국보 제27호)과 함께 통일신라시대의 3대 금동 불상으로 불린다.

이차돈 순교비

불교를 제창하다 순교한 이차돈을 기념하기 위하여 건립된 것이다. 원래 백률사에 전하던 것으로 현재는 국립경주박물관 미술관에 전시되어 있다. 육면 기둥으로 위쪽에 원형의 자루가 남아 있어 당초에는

지붕돌이 있었음을 알 수 있다.

1면에는 이차돈의 처형 장면을 돋을새김하였고, 나머지 5면에는 각각 7개의 세로줄에 25글자씩을 새겨 넣었다. 41대 헌덕왕 9년(817)에 세운 것으로 추정된다.

목을 베자 머리는 날아가 경주 금강산에 떨어지고, 목에서는 흰 젖이 수십 장이나 솟아올랐으며, 갑자기 캄캄해진 하늘에서는 아름다운 꽃송이가 떨어지고, 땅이 크게 진동했다는 것을 표현해 놓았다.

마애삼존불좌상

마애삼존불좌상은 백률사와 관련된 유적인지는 알 수 없으나 금

강산의 정상에서 동쪽으로 30m쯤 내려가면 자연암벽에 새겨진 삼존 불상이다. 마멸이 심하나 중앙에는 본존불이 앉아 있고, 양쪽에는 협 시보살이 새겨져 있다.

오른쪽 협시보살의 머리에 쓴 보관(寶冠)에 작은 부처가 조각되어 있는 것으로 보아 아미타 삼존불을 표현한 것으로 보인다.

본존불의 높이가 약 3m에 이르는 거대한 마애불이지만 선각에 가 깝게 새겨 부분적으로 마멸이 심하다. 삼존불의 위 바위에는 목재 구조물을 설치한 곳으로 보이는 흔적이 있어 당시에는 건물이 있었 지 않았을까 추측만 할 뿐이다. 조각된 옷의 표현과 손의 모습 등은 통일신라시대 마애불 연구에 귀중한 자료가 되며, 경상북도 유형문 화재 제194호이다.

감산사 甘山寺

    감산사는 신라 성덕왕 18년(719)에 신라의 중아찬(重阿湌) 김지성(金志誠)이 감산에 있는 장전(莊田)을 희사하여 부모의 명복과 성덕왕(聖德王)의 만수무강을 기원하기 위하여 지었다고 한다. 창건 다음 해인 720년에 그는 어머니를 위해 미륵보살을, 아버지를 위해 아미타불을 만들었다고 한다. 그러나 그 후의 역사는 전해지지 않는다.

감산사 석조미륵보살입상
(甘山寺 石造彌勒菩薩立像)

1915년 경북 경주 감산사 절터에서 서울로 옮겨 갔으며, 현재 국립중앙박물관에 소장되어 있다. 성덕왕 19년(720)에 조성된 불상으로 불신 광배·대좌를 한 돌로 조성하였으며, 불신을 제외하고는 감산사 석조아미타불입상(국보 82호)과 거의 같다.

불신의 조각 수법은 석상으로서 유례가 드물 만큼 뛰어나 풍만하고도 사실적인 표현은 감각적이며 관능적이다. 머리에는 화려한 보관을 썼고 보발(寶髮)은 두 어깨까지 길게 늘어져 있으며, 얼굴은 도톰하고 원만하다. 목에는 삼도(三道)가 뚜렷하며 앞가슴에는 목걸이가 걸려 있고, 오른손은 자연스럽게 아래로 내려져 있으나, 왼손은 들어서 손바닥을 보여주며, 그 팔목에는 천의(天衣)가 휘감겨 있다. 하체는 유연한 곡선이 발목까지 내려오고 왼쪽 허리에 구슬 줄이 1가닥 늘어져 있어 인상적이다.

대좌는 각 면에 안상(眼象)을 베푼 8각으로, 그 위의 꽃잎 안에 꽃무늬를 새긴 앙련(仰蓮)을 배치하였다. 광배는 머리와 몸의 광배로 구별하였는데 3가닥의 선이 나란히 두광과 신광을 나타내고 둘레는 화염무늬(火焰紋)로 처리하였다. 광배의 등 쪽에는 장문의 기록이 새겨져 있어 불상을 만든 유래와 연대를 명시하여 귀중한 자료가 되고 있다. 이 기록에 의하면 불상은 개원(開元) 7년, 즉 성덕왕 19년에 조성된 것임을 알 수 있다. 통일기의 가장 이른 석불로 7세기 초 굽타 양식을 보이고 있으며, 국보 제81호이다.

조상기(造像記) 내용을 보면 개원 7년 기미 2월 15일 중아찬 김지성(金志誠)은 돌아가신 아버지 인장(仁章) 일길찬과 돌아가신 어머니 관초리(觀肖里)를 위하여 감산사와 석조 아미타상 1구와 미륵상 1구를 삼가 조성하였다. 듣건대 지극한 도는 그윽하고 미묘하여 생기지도 않고 없어지지도 않으니 능인(能仁)의 참된 자취는 가고 옴이 없다. 이런 까닭으로 현신·법신·응신의 삼신불은 근기에 따라 제도하여 천사(天師)의 열가지 공덕상을 나타내었고 원(願)이 있으면 모두 이루었다. 제자 지성은 성세에 태어나 영화로운 관직을 역임하였으나 지략이 없어 시폐를 바르게 하려다가 겨우 형(刑)과 법에 걸리는 것을 면하였다. 성품은 산수를 좋아하여 장자(莊子)·노자(老子)의 유유자적함을 사모하였고 뜻온 진종(眞宗)[불교]을 중히 여겨 무착(無著)의 그윽하고 적적함을 희구하였다. 나이 67세에 조정에서 임금이 맡긴 일을 사퇴하고 드디어 한적한 전원에 돌아가 오천 언의 『도덕경』을 들춰 보고 명예와 지위를 버리고 현묘한 진리의 세계에 들어가 17지(地)의 유가법문을 깊이 연구하여 색(色)과 공(空)이 무너져 모두 민멸함을 알았다. 이윽고 다시 왕명을 초려에 내리니 멀리 도

성의 바쁜 직무를 맡아 비록 관에 있으나 세속을 꺼리고 세간 밖에 둔 마음을 버리지 아니하여 지성의 자산과 업을 다하여 감산의 가람을 세웠다.

엎드려 바라건대 이 작은 정성이, 위로는 국주대왕께서 천년의 장수를 누리시고 만복이 널리 뻗치시며, 개원 이찬공은 번뇌의 세속사를 벗어나 태어남이 없는 묘과(妙果)를 증득하고, 동생 양성 소사, 현도사, 누나 고파리, 전처 고노리, 후처 아호리와 서형 급한 일길찬, 일동 살찬, 총경 대사, 누이 수힐매리 그리고 끝없는 법계의 일체 중생에게 미쳐 함께 세속을 벗어나 다 부처의 경지에 오르소서. 비록 정성스러운 █으로 하여 이 원(願)을 다하여 무궁한 겁에 돌이 이미 닳아 없어지더라도 존용은 █하지 아니하여 구하면 과보를 얻지 아니함이 없고 원이 있으면 다 이루어지기를. 만일 이 마음의 서원에 따름이 있다면 모두 함께 그 선인(善因)을 지었다. 돌아가신 어머니 관초리 부인은 나이 66세에 고인이 되어 동해 바윗가에 (유골을) 흩뿌렸다.

감산사 석조아미타불입상
(甘山寺 石造阿彌陀佛立像)

불상의 얼굴은 풍만하고 눈·코·입의 세부표현도 세련되어 신라적인 얼굴을 사실적으로 묘사하고 있다. 신체는 비교적 두꺼운 옷 속에 싸여 있어서 가슴의 두드러진 표현은 없지만, 당당하고 위엄이 넘쳐 부처님의 모습을 인간적으로 표현하고자 한 의도를 엿볼 수 있다. 양어깨를 감싸고 있는 옷은 온몸에 걸쳐서 U자형의 옷주름을 나타내고 있다. 목에는 한 번 뒤집힌 옷깃을 표현했는데 이는 신라 불상의 특징으로, 불상의 전체적인 형태와 함께 불상을 박진감 있게 보이게 하는 요소가 된다. 불신 뒤의 광배(光背)는 배(舟) 모양이며 가장자리에는 화염문을 새겼다. 광배 안에는 3줄의 선을 도드라지게 새겨 두광과 신광으로 구별하고 있으며, 신광 안에는 꽃무늬를 새겨 넣었다. 불상 대좌(臺座)는 맨 아래가 8각이고, 그 위에는

엎어 놓은 연꽃무늬와 활짝 핀 연꽃무늬를 간략하고 큼직하게 새기고 있다.

이 불상의 광배 뒷면에는 21행 391자의 명문이 새겨져 있다. 8세기 초 불상으로 국보 제82호로 지정되어 있다.

석조비로자나불좌상
(石造毘盧遮那佛坐像)

  이 불상은 두부(頭部)에는 마모가 심하지만 머리카락은 나발로 표현되어 있으며 앞가슴 중앙보다 약간 아래쪽에 띠 매듭이 조각되어 있다. 다리는 결가부좌한 모습이며, 광배와 대좌는 새로 만든 것이다. 머리는 붙였으나 원래 것으로 보이며, 외형상 무릎의 폭이 넓고 당당하며, 두 손은 지권인(智拳印)을 하고 있어 비로자나불이다. 경상북도 유형문화재 제318호로 지정되어 있다. 현재 감산사의 주존불로 모셔져 있다.

삼층석탑

이 탑은 무너져 있던 것을 1965년에 다시 세웠으며, 현재 높이는 3.3m이다.

이중 기단으로, 1층 기단은 4개의 돌로 구성되었고 각 면에는 모서리기둥과 안기둥을 각각 새겼다. 2층 기단의 각 면에도 모서리기둥과 안기둥을 각각 새겼으며 덮개돌은 2개의 돌로 구성하였다. 1층 몸돌과 지붕돌은 각각 1개의 돌로 하였고 몸돌에는 모서리기둥을 조각하였다. 지붕돌에는 4단의 받침을 조각하였고 윗면은 낙수 면으로 되어 있다. 현재 2층과 3층 몸돌은 없어지고 지붕돌만 남아 있으며 상륜부(相輪部)는 노반(露盤)만 남아 있다.

통일신라시대의 전형적인 석탑양식을 잘 보여 주며, 지붕돌의 추녀가 직선이고 전각이 들려 있어 경쾌한 느낌을 주고 있어 9세기 후반 석탑으로 추정된다. 경상북도 문화재자료 제95호이다.

1933년 일본인 후지시마의 조사 당시에는 초층 탑신은 완존하며, 옆에 옥개석 3개, 탑신석 2개가 산재되어 있다. 탑신 높이 3.2칙으로 기록되어 있다.

경주지역의 절터

흥륜사지
興輪寺址

　흥륜사(興輪寺)는 신라 때 포교승 아도(阿道)가 창건하였다고 한다. 창건 당시에는 초가의 절이었으나 이차돈의 순교로 신라가 불교를 공인한 후 법흥왕 22년(535)에 짓기 시작하여 진흥왕 5년(544)에 왕찰로 중창된 신라 최초의 불교사찰이다.

금당(金堂) 안에는 선덕여왕 때 김양도(金良圖)가 조성하여 봉안한 미륵 삼존상이 있었고, 금당의 동쪽 벽에는 아도(阿道)·이차돈(異次頓)·혜숙·안함의 상이, 서벽에는 표훈·원효·혜공·자장·사파 등 10명의 고승을 진흙으로 조성하여 모셨다고 한다.

경명왕 5년(921)에 중수했고, 고려시대에는 번창하였으나 조선시대에 들어 화재로 불에 탄 것을 복구하지 못하고 폐사가 되었다.

폐사가 된 다음 절터에는 석조(石槽)와 배례석(拜禮石) 등 석물이 있었는데 조선시대에 경주 부윤이 이를 동헌(東軒)으로 옮겨 간 것을 현재는 국립경주박물관에 보관하고 있다.

일제강점기에는 이 절터에서 웃는 얼굴 수막새가 출토되었는데 1943년 田中敏信에게 반출되었다가 1972년 국립경주박물관으로 다시 옮겨졌다.

1972년과 1977년, 1982년에 발굴조사가 부분적으로 이루어졌는데, 금당지의 앞에서 8각탑이 있었던 자리와 동쪽에서 회랑지(回廊址)가 확인되었다. 가람배치는 분명하지 않으나 8각탑을 중심으로 금당이 있고 금당의 좌우에는 익랑이 있으며 서쪽에 경루(經樓)가 있다.

절터에는 1980년대에 새로 지은 흥륜사가 자리하고 있으며 영묘사(靈廟寺) 명문 기와가 출토되어 현재 이곳을 영묘사지로 보는 견해도 있으며, 흥륜사지를 현재 경주공업고등학교 일대로 추정하고 있다.

2009년 1월 국립경주박물관에서 경주공업고등학교 배수시설 설치 부지의 수습조사 결과 대왕흥륜사라고 불리워졌던 흥륜사의 흥(興)자 명문기와와 절(寺)자가 새겨진 명문기와가 발견되었고, 7~8세기의 것으로 추정되는 여러 점의 수막새와, 청동으로 만든 짐승 얼굴 무늬의 문고리도 출토되었고 6세기에서 9세기에 해당하는 많은 유물들도 출토되었다.

석조

국립경주박물관 미술관 옆에 전시되어 있다. 대부분 석조는 모두 길이가 2m 내외이나 이 석조는 길이가 3.92m나 되는 우리나라 최대의 것으로 흥륜사가 폐사된 뒤 조선 인조 16년(1638) 경주 부윤 이필영이 경주읍성 안의 금학헌으로 옮겨 연꽃을 심었다는 그 석조이다. 옆면에는 '天光雲影'이라는 글씨가 크게 새겨져 있고, 윗면 둘레에는 '二樂堂前雙石盆, 何年玉女洗頭盆, 洗頭人去蓮花發, 空有餘香滿舊盆'이라는 경주 부윤 이필영의 칠언시구가 새겨져 있다.

영묘사지
靈廟寺址

영묘사는 전불시대(前佛時代)의 칠처가람지의 하나인 사천미(沙川
尾)에 선덕여왕 4년(635)에 창건된 사찰로, 남문(南門), 옥문지(玉門
池), 목탑(木塔), 금당(金堂), 좌우경루(左右經樓), 낭무(廊廡)의 형태를
갖춘 국찰(國刹)이었다. 남문은 행랑과 연결되어 있던 전형적인 삼국
시대 가람형태의 문이었을 것으로 보인다. 양지사가 전탑의 기와를
만들었다고 하므로 목탑이 불타고 난 뒤, 전탑을 세웠던 것으로 추
정할 수 있다. 금당에는 장육존상이 모셔져 있었는데, 승(僧) 양지사
(良志師)가 영묘사의 장육상을 만들 때 입정하여 삼매(三昧)에서 뵌
부처님을 모형으로 삼았다 한다. 또 온 성 안의 남자와 여자들이 풍
요(風謠)를 읊으면서 불상을 조성할 진흙을 다투어 운반하였다 하므
로 소조상(塑造像)이었던 것을 알 수 있다. 그 후 경덕왕 23년(764)에
이 장육존상에 개금불사를 하였는데, 이때 든 비용이 조(租) 23,700
석이었다고 한다. 영묘사와 관련된 승으로는 혜공, 양지, 불가사의
(不可思議) 등이 있다. 그중 양지는 뛰어난 예술가였다. 영묘사의 장
육삼존상, 천왕상, 전탑의 기와를 만들었고, 영묘사의 편액도 그가
쓴 것이었다. 조선시대 영묘사에는 성덕대왕신종이 옮겨져 안치되어

있었다. 조선 세조 6년에 봉덕사가 북천에 묻히므로 종을 영묘사로 옮겨 달았다는 『신증동국여지승람』의 기록이 있어 조선시대에도 영묘사가 건재해 있었음을 알 수 있다.

영묘사의 위치에 대해서는 일제강점기시대 이래로 막연하게 대략 서천변에서 사찰의 금당지로 추정되는 건물지가 있어 이것으로 추정하였고, 현재 흥륜사지에서 영묘지사(靈廟之寺)명의 기와가 발견되어 현재 흥륜사가 있는 일대를 영묘사지로 추정하고 있다.

임천사지
林泉寺址

북천변에 있던 사찰로 폐탑재와 초석 등 석물이 동천동 고수부지에 있었으나 1991년 태풍피해로 일부 유실되어 남은 석조물들은 현재 국립경주박물관 야외에 옮겨져 있다.

영흥사지
永興寺址

영흥사(永興寺)는 흥륜사(興輪寺) 다음가는 고찰(古刹)이었으며 최초의 비구니(比丘尼) 사찰로 유명하다. 그 위치는 아직 확실치 않으며 『삼국사기』와 『삼국유사』에 관련 기록이 보인다.

『삼국사기』 권 제4 신라본기 제4 진평왕

36년(614) 봄 2월에 사벌주를 폐하고 일선주를 설치하여, 일길찬 일부(日夫)를 군주로 삼았다. 영흥사의 흙으로 만든 불상이 저절로 무너지더니 얼마 안 있어 진흥왕비인 비구니(比丘尼)가 죽었다.

『삼국유사』 제3권 흥법 제3 아도기라

전불칠처가람지허(前佛七處伽藍之墟) 가운데 둘째 삼천의 갈래(三川岐) 지금의 영흥사(永興寺)로 흥륜사(興輪寺)와 한때에 세워졌다.

담엄사지
雲嚴寺址

    담엄사지는 현재 오릉 동편으로 추정된다. 이 절은 『삼국사기(三
國史記)』에는 담암사(曇巖寺), 『삼국유사(三國遺事)』에는 담엄사(雲嚴
寺)로 되어 있다.

    『삼국사기』는 오릉의 위치를 설명하는 데 '담암사북(曇巖寺北)'이
라 했고 『삼국유사』에서는 '신라육촌 중 알천 양산촌의 남쪽은 지금
의 담엄사'라 하여 양산촌의 위치를 설명하는 데 인용했다. 전불시
대 칠처가람지 중의 하나가 있었던 서청전(婿請田)이 지금의 담엄사
(曇巖寺)라고 하여 신라의 많은 사찰 중에서 대표적인 사찰이었던
점은 알 수 있다. 현재 숭덕전(崇德殿)과 오릉 일대에는 동남쪽으로
당간지주와 초석들이 남아 있으며, 국립경주박물관 미술관에는 담엄
사지 출토 팔부중상이 남이 있다.

황룡사지
皇龍寺址

　　황룡사지는 신라 제24대 진흥왕 14년(553)에 늪지 25,000여 평을 메운 뒤 월성(月城) 동쪽에 새로운 궁궐을 짓게 하였으나 그곳에서 황룡이 나타났다는 말을 듣고 사찰로 고쳐 짓게 하여 절 이름을 황룡사라 하였다고 한다. 553년에 짓기 시작하여 17년 만인 진흥왕 30년(569)에 주위에 돌담장을 두르고 경역(境域)을 마련하여 일단 1차적으로 사찰의 건물배치가 완료되었다. 그 뒤 574년에 5m가 넘는 주존불(主尊佛)인 금동삼존불을 만들고, 이 삼존불을 모시기 위한 금당(金堂)을 10년 후인 진평왕 6년(584)에 세웠다. 이어서 선덕여왕은 당(唐)나라에 유학하고 돌아온 고승 자장(慈藏)의 권유로 구층목탑을 짓게 되었다. 이때 백제의 기술자인 아비지(阿非知)를 초청하여 645년에 전체 80m에 달하는 구층목탑을 완공하였다.

　　553년에 처음으로 짓기 시작하여 선덕여왕 15년(626)에 완성하기까지 4대왕 93년간에 걸쳐 국가적으로 조성된 대사찰이었으며, 수십 년에 걸쳐 지은 절이다. 고려 현종 때인 1012년에는 경주에 남아 있던 조유궁(朝遊宮)을 헐어 그 재목으로 구층탑을 수리하기도 하였다. 그 뒤 1105년에는 예종이 상서(尙書) 김한충(金漢忠)을 보내어 수리

한 황룡사의 낙성식에 참석하도록 하였다. 고종 25년(1238) 몽고의 침입 때 모두 불타버리고, 오늘날까지 다시 복원되지 못하고 그 역사적 흔적만 남아 있다.

황룡사지의 발굴조사는 1976년 6월부터 발굴조사에 착수하여 1983년 12월까지 8년 동안 진행되었는데 발굴조사 결과 원래의 황룡사 담장 내 면적이 동서 288m, 남북 281m로 8만 928㎡였으며 당초 늪지를 매립하여 대지를 마련하였음을 알게 되었다. 사찰의 건물배치는 중문, 탑, 금당, 강당이 남북으로 배치된 1탑식 가람배치를 기본으로 하고, 탑의 전방으로 좌우에 대칭이 되게 건물을 세워 종루(鐘樓), 경루(經樓)를 마련하였고 강당의 좌우에도 독립된 건물을 배치하였음이 밝혀졌다. 높이 186㎝, 최대 너비 105㎝되는 대형의 치미(망새)를 비롯하여 출토된 유물은 무려 4만 5천여 점에 달하며, 목탑지의 심초석(心礎石) 아래에서 수습된 백자의 작은 항아리는 당나라의 작품으로 밝혀져 당시의 문물 교류를 알 수 있는 자료가 되고 있다.

황룡사의 배치

황룡사에서 당간지주를 본 사람은 거의 드물 것이다. 그만큼 찾는 이들은 별로 없다. 자세히 넓은 영역을 찾다 보면 남문지를 지나 동쪽으로 보면 하부만 남은 것이 보인다.

절단되어 결실되었기 때문에 그 형태 또한 자세히 알 수 없으나 외곽의 모서리에는 분명 각을 주어서 깎았음을 확인할 수 있다. 이 큰 대찰에 왜 당간지주가 이처럼 파괴되어 있는지는 아직 알 수 없고 통일신라가 되면서 건립된 것으로 추정된다.

중문지는 약 60평 정도로 거대한 초석이 두 개 남아 있고, 문은 정면 5칸, 측면 3칸 규모였다. 좌우로 종루와 경루가 있다.

목탑지는 한 변의 길이가 약 22m인 장방형의 형태로 약 150평 정도이다. 계단은 남면에서 3개소, 북·동·서에서 각 1개소가 확인되었으며, 기단에는 심초석과 64개의 초석이 정면 7칸, 측면 7칸으로 구성되어 있다. 심초석은 128㎝에 이르는 화강암으로 거대한 크기로 무게는 약 30톤에 달한다. 심초석 안에는 사리공이 마련되어 있는데, 외곽에 두 줄의 홈을 돌려 물이 스며들지 않도록 하였으며, 그 안에서 금동사리 내·외함이 발견되었다.

구층 목탑은 백제의 장인 아비지의 기술지도로 이루어졌다고 한다. 높이 약 80m(225자)의 거대한 탑으로, 그 높이 때문에 여러 차례 벼락을 맞았고 또 지진 등으로 기울어져 다섯 차례나 수리하거나 재건하였다는 사실이 경문왕 13년(873년) 탑 재건 시 만들어 넣은 사리내함의 찰주본기에 기록되어 있다.

황룡사에 구층탑을 세우면 이웃 나라가 침범하는 재앙을 진압할 수 있을 것이라 하며 제1층은 일본(日本), 2층은 중화(中華), 3층은 오월(吳越), 제4층은 탁라(托羅), 제5층은 응유(鷹遊), 제6층은 말갈(靺鞨), 제7층은 거란(契丹), 제8층은 여진(女眞), 제9층은 예맥(穢貊)이다.

목탑 자리에서는 사리장엄구의 외함으로 보이는 부식된 금동 방형함과 내함, 그리고 은제 팔각사리탑·금동 팔각사리탑·은제 소원판·청동제 뚜껑 등이 나왔다. 이 가운데 외함 안에 넣었던 내함은 목탑의 중심기둥인 찰주 밑의 사리구멍 안에 봉안되었던 것으로, 4매의 금동판을 경첩으로 연결하고 뚜껑 판과 바닥 판을 갖춘 네모난 함이다. 두꺼운 금동판의 안팎에 인왕상과 보상화문양, 그리고 탑의 조성

경위를 기록한 찰주본기가 새겨져 있다. 이 찰주본기는 현존하는 탑지 가운데 내용이 가장 풍부한 금석문으로 중요한 자료로 평가된다.

금당지는 사찰의 중심 건물이며 본존불을 모시는 공간이다. 이곳에는 진흥왕대에 서축(西竺) 아육왕(阿育王)이 황철 57,000근과 황금 3만 푼(30,000근)을 모아 석가(釋迦) 삼존불을 만들려고 하다가 이루지 못해서 배에 실어 바다에 띄우면서 빌기를, 부디 인연 있는 나라로 가서 장육존상(丈六尊像)을 이루어 주기 바란다는 내용과 부처 하나와 보살상(菩薩像) 둘의 모형(模型)도 함께 바다에 띄워 보냈는데 관리가 이를 발견하고 왕에게 전하니 왕은 동쪽의 높고 깨끗한 땅을 골라서 동축사(東竺寺)를 세우고 세 불상(佛像)을 편안히 모시게 하려 했다. 이후 황금과 철을 옮겨와 장육존상(丈六尊像)과 두 보살상을 만들었는데, 모신 후 10년 뒤 금당을 지었다는 것이다. 발굴조사에 따르면 황룡사가 처음 창건되었을 때 금당이 있었으나

장육존상(丈六尊像)과 두 보살상을 모시면서 새로 금당을 지었고, 동·서금당에는 삼존불과 탱화를 모셨을 것으로 추정하고 있다. 중앙 후면에는 장육상과 두 개의 협시불 대좌석이 있다. 또한 삼존불 대좌석 동·서쪽에는 14개의 불대좌석이 남아 있다.

출토유물

황룡사지에서는 다양한 종류의 유물들이 출토되었는데 철제·청동제·납석제 유물 등과 생활용품, 건축부재가 포함되어 있으며 삼국시대부터 고려시대에 걸쳐 제작 사용된 기와와 각종 전, 치미(망새)가 출토되었고, 출토된 유물들은 국립경주박물관에 소장되어 있다.

황룡사지 출토 치미(망새)

황룡사지 출토 기와(국립경주박물관소장)

황룡사지 서쪽 절터

황룡사지 서쪽에는 이름을 알 수 없는 절터가 있는데, 현재 당간지주와 석재, 석탑 부재가 남아 있다. 석탑의 봄돌에는 사면에 사천왕상이 새겨져 있는데 조각 수법이 아주 우수하다.

삼랑사지
三郞寺址

경주 서천(西川) 옆에 있는 삼랑사지(三郞寺址)는 신라 진평왕 19
년(597)에 창건했다고 한다. 이 절에 대덕(大德) 경흥법사(憬興法師)
가 살았다고 하는데 그는 매우 덕망이 높고 온후한 성품으로 문무왕
이 신문왕에게 유언하기를 "경흥법사는 가히 국사로 삼을 만하니 나
의 명을 잊지 말라."고 하였다. 신문왕이 즉위하여 그를 높이어 국로
(國老)로 삼고 삼랑사에 머물게 하였다고 한다. 또 애장왕(哀莊王) 때
에 정수(正秀)라는 승(僧)이 삼랑사로 돌아가는 길에 여자 걸인이 길
가에서 해산을 하고 쓰러져 있는 것을 발견하고 즉시 산모를 보살펴
구호를 해 주고 자기의 의복을 벗어준 후 절에 돌아가서 짚으로 몸
을 싸고 추위와 싸워가며 일주야(一晝夜)를 지낸 일이 있었다고 한
다. 이러한 사실이 왕에게 알려져 왕이 승 정수(僧 正秀)를 국사(國
師)에 임명하였다고 한다.

삼랑사지에는 당간지주(幢竿支柱)가 남아 있는데 마주 보는 면의
바깥 면에 세로줄 무늬를 도드라지게 새겼고, 꼭대기는 바깥쪽으로
곡선을 그리며 둥글게 내려가다가 한 단의 굴곡을 이루고 있고 중앙
부분만 파여 전체적으로 가늘어져 보인다. 지주 안쪽 면에는 당간을

고정시키기 위한 홈을 아래위 두 군데에 파놓았다. 한때 민가의 담장으로도 이용되는 등 두 개가 5m의 거리를 두고 서 있었던 것을 1977년에 현 위치에 옮겨 세웠고 보물 제127호로 지정되어 있다. 당간지주란 절에 행사가 있을 때 절 입구에 당(幢)이라는 깃발을 달아두는데 이 깃발을 달아두는 장대를 당간(幢竿)이라 하며 당간 양쪽에서 지탱하는 기둥이다.

북부동 당간지주

　경주시 북부동에 전 주전지로 전하는 곳에 다른 석재들과 함께 있다. 장식 수법이 우수하고 외곽 외면에 윤곽대를 돌리고 가운데 새로 띠무늬를 새겼다. 꼭대기 부분에 사각형의 간구를 두었고 현재 1주만 남아 있다.

석장사지
錫杖寺址

경주시 석장동에 있는 석장사지(錫杖寺址)는 동국대학교 경주캠퍼스 뒤편 산기슭에 있다. 주민들은 절골이라 부르고 있으며, 현재 절터에는 주춧돌 일부만 남아 있다.

이곳은 신라 선덕여왕(善德女王) 때 양지(良志) 스님이 주석(住錫)하였던 사찰로 양지 스님은 특히 조각에 능통한 명장(名匠)이었다. 영묘사 장육삼존, 천왕상, 전탑의 기와와 천왕사 탑 밑의 팔부신장(八部神將)과 법림사(法林寺)의 현판을 썼으며, 일찍이 벽돌을 조각하여 탑을 만들고 아울러 삼천불을 만들어 탑을 만들고 절 안에 안치하였다는 기록으로 보아 그가 당시 유명한 예술가였음을 알 수 있다. 양지스님이 석장사에 주석하면서 석장(錫杖) 위에 포대를 걸어두면 석장이 저절로 날아 시주의 집에 가서 흔들리며 소리를 내면 그 집에서 알고 제 올리는 데 필요한 비용을 넣어 주어 포대가 차면 날아 돌아왔다. 그러므로 그가 살고 있던 곳을 석장사라 하였다는 기록이 『삼국유사』에 나온다.

1986년과 1992년에 동국대학교 경주캠퍼스 박물관에 의해 190여 점의 불상과 탑을 조각한 벽돌이 발굴되었다. 석장(錫杖)이란 묵서명이 굽바닥에 쓰인 자기편이 출토되어 이 절의 이름이 석장사임을 알수 있게 되었다.

　　금동불상류와 탑상문전, 소상, 문양와당, 명문전, 명문와편, 명문자기편, 석조 연화대석편, 각종 초석, 소조잡상 등 출토된 유물들은 동국대 경주캠퍼스 박물관에 소장되어 있다.

사천왕사지
四天王寺址

    사천왕사지는 신라 문무왕 19년(679)에 창건된 전형적인 쌍탑식 가람배치의 절터이다. 『삼국유사(三國遺事)』에 선덕여왕이 미리 알고 있던 3가지 일 중 하나로 자신이 죽으면 도리천에 묻으라는 유언을 남겼다고 한다. 신하들이 도리천이 어디인가를 묻자 이곳을 지목하였는데, 여왕이 죽은 뒤 31년 뒤에 여왕의 능 아래에 사천왕사(四天王寺)가 지어짐으로써 여왕의 예지능력을 다시 깨닫게 되었다고 한다.

    문무왕 14년(674) 당나라는 신라가 계림도독부(鷄林都督府)의 군사를 공격한다는 핑계로 50만 대군으로 신라를 공격하려 하였다. 즉 상왕원년(上王元年, 674) 당(唐)은 유인궤(劉仁軌)를 계림(鷄林) 도총관(道總管)으로 삼고 신라를 침공하였으나 패주하게 되었다. 그 다음 해 다시 설방(薛邦)을 장수로 삼고 연병(鍊兵) 50만으로 신라를 침공케 했다. 이 사실을 김인문(金仁問)이 탐지하여 입당(入唐)하여 있던 의상법사(義湘法師)를 만나 "용궁에서 비법을 전해 듣고 왔다 하니 어떻게 하면 되는가?"라고 하문(下聞)하자 그는 "낭산(狼山) 남쪽에 신유림(神遊林)이 있으니 그 땅에 사천왕사를 창건하면 될 것"이라

하였다. 이에 문무왕(文武王)이 명랑법사(明朗法師)에게 당나라의 침입을 막을 계책을 구하자 명랑법사가 신유림에 사천왕사를 짓고 밀교의 문두루비법(文豆婁秘法)을 쓰도록 권유하였다. 그런데 당나라의 침입이 급박하여 절을 완공할 시간이 없어 색이 있는 비단으로 절을 짓고 풀을 묶어 오방신상(五方神像)을 만든 다음 12명의 유가승(瑜伽僧)들에게 비법을 쓰도록 하였다. 그러자 전투가 시작되기도 전에 풍랑이 크게 일어 당나라 군대의 배가 침몰되었다고 한다. 그 뒤 정식으로 절을 짓기 시작하여 5년 만에 완공하여 사천왕사라 이름하고 성전(成典)을 두어 관리하였다는 것으로 보아 사천왕사는 국가 진호(鎭護)를 위한 국찰이었음을 알 수 있다. 절터에는 금당지, 목탑지, 당간지주(幢竿支柱), 2기의 석조 귀부(龜趺) 등이 남아 있다. 당간지주는 고정공(固定孔)이 상·중·하 3곳에 있었고, 상하의 것은 방공(方孔)이고 중간의 것만 원공(圓孔)으로 나타났다. 2기의 석조 귀부는 동·서로 나란히 놓여 있다. 모두 비신(碑身)과 이수(螭首)가 없어졌고 머리 부분도 없어졌다.

국립경주문화재연구소에서 2006년부터 발굴조사를 벌이고 있으며 발굴결과 사천왕사 가람의 구조가 남회랑(南廻廊 22칸)의 중앙에 중문(中門 3칸×2칸)이 있고, 이 중문과 금당(金堂, 5칸×3칸), 강당이 남북 일직선상에 위치하며 금당의 남쪽 동서 양측에 목탑(木塔)이 세워져 있고, 금당과 동서회랑(東西廻廊 31칸)을 연결한 익랑(翼廊 9칸)이 갖추어진 형태라고 한다. 또 생동감 넘치는 인물이 표현된 3종류의 녹유전(綠釉塼)은 일제강점기인 1920년대에도 수습됐으며, 2006년 조사 때 서목탑지에 이어 동목탑지에서도 확인됐다.

목탑지는 금당지(金堂址) 남쪽의 좌, 우에 배치되어 있다. 이 가운데 동탑(東塔)은 약 130㎝ 높이의 토단(土壇) 위에 3칸(間) 사방변(四方邊)의 정방형을 유지하였다. 초석의 크기는 대체로 약 50㎝의 정방형이며 그 중앙에 약 118㎝ 크기의 방형 심초석(心礎石)이 배치되었다. 심초석의 중심부에는 한 변 30㎝ 길이에 깊이가 약 7㎝인 방형의 사리공(舍利孔)이 설치되어 있다. 서탑지 역시 동탑지와 거의 동일한 형태이며 심초석의 사리공 역시 거의 같은 크기이다. 사천왕사는 피리를 잘 불어 유명한 월명사가 머물렀던 곳이기도 하다.

당간지주

귀부

망덕사지
望德寺址

사천왕사지 맞은편에 있는 망덕사지는 당(唐)의 사신(使臣)을 속이기 위하여 사천왕사와 이웃하여 건립된 사찰로 알려져 있다. 『삼국유사(三國遺事)』에는 당황제의 복을 빌기 위하여 건립되었다고 한다. 『삼국유사』 문호왕법민조(文虎王法敏條)의 기록에 따르면, 신라는 문무왕 19년(679)에 당나라가 침입을 하자 사천왕사를 짓고 문두루비법으로 그들을 물리치게 되었다. 그 소문이 당나라로 전해지자 신라에서는 당나라 황실을 위해서 사천왕사를 지은 것이라 변명하였다. 이에 당나라는 그 사실을 확인하기 위해서 예부시랑 낙붕귀라는 사신을 파견하였는데 그때 신라에서는 사천왕사를 그들에게 보이지 않고 이 절을 보이니 악붕귀가 "이것은 사천왕사가 아니다. 망덕요산(望德遙山)의 절이다."라고 하며 끝내 들어가지 않았으므로 신라에서 황금 1천 냥을 주었더니 악붕귀(樂鵬龜)는 돌아가서 "신라에서는 천왕사를 창건하고 황수(皇壽)를 빌고 있었다."라고 보고하였다고 한다. 즉 당나라 사신을 속이기 위해서 이 절을 창건하였으며 사찰의 이름은 낙붕귀가 말한 망덕요산에서 인용하여 망덕사라 하였다고 한다. 그 뒤 절을 정식으로 다시 짓고 낙성식을 효소왕 1년(692)에 가졌다. 그 후 경덕왕 15년(755)에 목탑인 13층탑이 크게 흔들렸는데 그해에 중국에 안록산의 난이 일어났으므로 신라 사람들은 "당황실을 위해서 지은 절이니 마땅히 그러할 것이다."고 하였다고 한다. 또한 이 절에는 효소왕 6년인 정유년에 낙성회를 행할 때 진신석가를 알아보지 못하고 교만한 마음으로 공양을 한 뒤 진신석가로부터 조롱을 당한 설화가 내려오고 있는 곳이기도 하다. 또한 이 절에서 육백부 반야경(般若經)을 사경(寫經)하다가 뜻을 이루지 못한 선율(善律)이 명부에 갔다가 경(徑)의 완성을 위하여 환생한 설화가 전한다.

『삼국사기(三國史記)』 신라본기 기록에 의하면 망덕사에는 13층의 탑이 동서로 있었는데, 자주 서로 싸우거나 부딪치는 기사가 등장하고 있어 주목되고 있는데 이는 신라와 중국과의 외교적 마찰을 시사하고 있다고 보인다.

현재 절터에는 당간지주, 금당과 강당지, 동·서 목탑지가 남아 있으며 1969년과 1970년 2차에 걸쳐 문화재관리국에서 발굴되었다. 금당지는 경작으로 인하여 초석 등 유구(遺構)가 혼란한 상태에 있다.

당간지주 안쪽 면은 위로 평면을 이루고, 나머지 세 면은 아래쪽에서 위로 가면서 점차 가늘어지게 하였다. 지주의 맨 위는 바깥쪽이 둥글고 경사지게 처리하였다. 바깥쪽 양 모서리는 중간쯤에서부터 위로 모를 죽였으나 다른 장식은 없다. 보통은 상·중·하 세 곳 또는 상·하 두 곳에 당간을 고정시키던 구멍이 남아 있다. 그런데

이 당간지주는 맨 위쪽 끝에만 네모나게 홈을 파서 당간을 고정시킬 수 있도록 하였다. 소박하고 장중하며 견실한 기풍을 나타내고 있다. 보물 제69호로 지정되어 있다.

동탑지는 약 130cm 정도의 토단이 있으며 초석 등 유구가 있다. 서탑지는 동탑지에 비하여 잘 노출되지 않았으나 토단을 이루고 있는 형태는 동탑지와 동일하다.

구황동 절터

구황동 모전석탑지(模塼石塔址)로 분황사와 인접한 거리에 있으며, 금당 전방, 탑지 동편에 석탑 지붕돌이 매몰되어 있었는데 1969년 9월에 발굴하였다.

탑이 있던 곳의 지대석 길이가 6미터이고 돌기둥이 배치된 모양으로 미루어 원래의 탑은 한 변의 길이가 4.5m 되는 크기로 첫 몸돌을 쌓고 4면에 감실(龕室)을 만들어 사방불을 안치한 형식으로 추정된다. 돌기둥에는 금강역사상(金剛力士像)을 새겼는데 이곳에 있었던 금강역사상 가운데 상태가 좋은 2구는 현재 국립경주박물관에 옮겨져 있다.

1926년 현재 폐탑지로부터 조금 떨어진 동북쪽 논에서 도림(道林)이라고 양각된 와편(瓦片)을 발견했다고 한다. 阪金太郎은 소화 3년 (1928)에 경주고적보존회 조사원이 고적보존회사업으로 발굴하여 주위에 돌담을 만들었으며, 탑개석 3점, 탑 중심 초석 1점이 있었다고 한다. 현재 남아 있는 지붕돌과 갑석 등으로 미루어 보아 특이한 구조였을 것으로 보이며 도림사지(道林寺址)로 추정하는 견해도 있다.

구황동 금강역사상(국립경주박물관 소장)

구황동 목탑지

독서당 서북쪽 200m 지점에 있는 목탑지로 주변지역에서 만정지사(万正之寺)명 명문 기와가 출토되었고 한다. 논 가운데 약간 솟아 있는 부분이며 심초석에 사리공이 있다.

황복사지
皇福寺址

　황복사지는 신라 신문왕(神文王) 이전에 창건된 것으로 추정되며, 33대 성덕왕(聖德王) 때 중창(重創)되었다. 이곳에서는 1930년대 황복(皇福), 왕복(王福) 등 기와편이 발견되었다.

　의상(義湘)대사가 20세 때 경사(京師)의 황복사(皇福寺)에서 머리를 깎고 이곳에 귀의하여 출가하였다고 하며, 현재 삼층석탑(국보 제37호), 당간지주(幢竿支柱), 안상(眼象)이 새겨진 판석, 귀부(龜趺), 십이지상(十二支像), 초석 일부 등이 남아 있다.

당간지주(幢竿支柱)

　당간지주는 삼층석탑에서 조금 떨어진 위치에 밭둑에 부러진 상단부만 현재 노출되어 있다. 지주 내면에 사각형의 작은 간공이 시공되었다.

　외곽의 모서리는 일부 깎은 흔적이 보이며, 삼층석탑과 같은 시기를 전후하여 세운 것으로 추정된다.

십이지상

  삼층석탑 동쪽의 금당지(金堂址)로 추정되는 곳에 총 6구의 십이
지상(十二支像)이 있다.

  발견 당시 이 상(像)들은 모두 매몰되어 있었는데, 동서와 남북으
로 석열(石列)을 이루면서 각 면 3구씩 노출되었다. 십이지상은 아마
주변의 왕릉으로부터 옮겨 왔을 것으로 추정된다. 지금도 현장에 파
묻혀 있으며, 일부는 노출되어 있다.

십이지상이 묻혀 있는 곳

귀부(龜趺)

  황복사지 금당지(金堂址) 남쪽에 동·서로 위치해 있다. 현재 파손
되어 일부만 남아 있으며 마멸이 심해 알아보기가 어려운 편이다.
귀부 등(龜甲)에는 포항 보경사 원진국사비나 영주 부석사 원융국사
비에서처럼 왕(王) 자가 새겨져 있다.

삼층석탑

이 탑은 이중 기단 위에 3층으로 되어 있으며, 높이 7.3m로, 통일 신라시대의 전형적인 석탑의 모습을 잘 나타내고 있으며 상륜부(相輪部)는 노반(露盤)만 남아 있다.

하층 기단은 8매의 석재로 조성하였는데, 지대석, 면석, 갑석이 각각 1석으로 조성되었다. 면석에는 2기의 탱주와 우주가 모각되어 있다. 갑석의 상면은 약간 경사지게 처리하였다. 상면에는 각형 2단의 초층 탑신 받침이 마련되어 있다.

탑신부는 각 층의 몸돌과 지붕돌로 조성되어 있다. 몸돌과 지붕돌은 각각 하나의 돌을 이용히어 만들었고 탑의 건립 시기는 8세기 초로 추정된다. 1942년 죽간(竹簡) 몇 점이 출토되었다.

1943년 해체 수리하였을 때 제2층 옥개석 내에 있었던 금동으로 만든 사리함 속에서 금으로 만든 여래입상, 많은 유리구슬, 팔찌, 금실 등이 발견되었다. 아울러 사리함 뚜껑 내면에 새겨둔 글자가 있어 이 탑에 대한 내용과 발견된 유물의 성격을 알 수 있게 되었다. 이 탑은 신라 신문왕(神文王)이 그 11년(691)에 돌아가자 그의 아들인 효소왕이 부왕의 명복을 빌기 위해 그 이듬해(692天授3년)에 세웠으며 효소왕이 돌아가자 성덕왕이 그 5년(신룡(神龍) 2년, 706)에 앞서의 두 왕을 위해 사리, 불상 등을 다시 넣고 아울러 왕실의 번영과 태평성대를 기원하였다.

금제여래좌상과 금제여래입상

  1934년 경주 구황리 삼층석탑(국보 제37호)을 해체·복원할 때 나온 사리함에서 금제여래좌상(국보 제79호)과 금제여래입상(국보 제80호)이 함께 발견되어 현재 국립중앙박물관에 소장되어 있다. 두 불상 모두 광배(光背)와 불신(佛身), 연꽃무늬 대좌(臺座)의 3부분으로 되어 있으며, 각 부분은 분리되도록 만들었다.

보문리사지
普門里寺址

　이 절의 처음 건립 연대는 알 수 없으나, 9세기 말의 황룡사찰주 본기에 보문사 승려 은전(隱田)과 윤여(允如)의 이름이 기록되어 있어, 이 기록으로 보아 보문사는 871년 이전에 세워진 것으로 추정된다. 1916년 보문(普門)이라고 새긴 기와가 출토되어 보문사지임을 알 수 있다. 사적 제390호로 지정되어 있다.

　현재 금당지 · 동 · 서 목탑지 등 건물터와 석조(石槽) · 당간지주(幢竿支柱) · 초석 · 석등부재 등이 남아 있지만, 절터의 대부분은 논으로 경작되고 있다.

　금당지는 축대 위에 건물의 기단석과 초석이 배치되어 있는데 외곽으로는 장대석이 있다.

　목탑지는 금당지 앞의 높은 단 위에 남아 있는데, 서탑지의 중앙에 남아 있는 대형 초석에는 연꽃무늬가 조각되어 있다.

　　서쪽에는 보문리 당간지주가 있고, 북쪽에는 보문리 연화문 당간
지주, 석조를 비롯하여 석등의 지붕돌 및 장대석 등 석조물이 곳곳
에 남아 있다.

석조(石槽)

이 돌 물통은 화강암으로 만들었는데, 절에서 물을 담아 사용하던 것으로 알려지고 있다. 원래 위치는 아니며, 가로로 놓인 직육면체 돌의 내부를 파냈으며 외부와 내부에는 아무런 장식도 없다. 불국사(佛國寺) 안에 있는 4개의 돌 물통은 모두 장식을 하였던 것과 비교한다면 대조적이다. 뒤편 북쪽 가운데 아랫단에 물을 빼기 위한 구멍이 남아 있어 실제 사용되었을 것으로 보이며 통일신라시대에 만들어진 작품으로 보물 제64호로 지정되어 있다.

보문리 당간지주(普門里 幢竿支柱)

　당간지주가 있는 곳은 금당터, 동서 목탑터로부터 남서쪽으로 조금 떨어진 곳이다.

　이 당간지주는 높이 3.8m이고 안쪽 면은 위로 평면을 이루고, 나머지 세 면의 아래쪽을 잘록하게 한 다음 그 위는 점차 가늘어지게 하였다. 상·중·하 세 곳에 당간을 고정시키던 구멍이 남아 있다. 남쪽 기둥은 구멍이 완전히 뚫렸으나 북쪽 기둥은 반쯤 뚫렸다. 이처럼 한 기둥에만 구멍을 완전히 뚫은 것은 드문 예이다. 현재 북쪽 기둥의 윗부분 일부는 부러져 없어졌으며, 당간 받침도 없어졌다. 전체 모습은 거대하고 소박하다. 보물 제123호이다.

연화문 당간지주(蓮花文 幢竿支柱)

 통일신라시대 당간지주로 높이는 146㎝이다. 기둥의 아랫부분이 상당히 매몰되어 있어 간대나 기단부의 구조를 확인할 수 없다. 현재까지 원위치를 지키고 있는 것으로 생각되며, 동서로 62㎝ 정도의 간격을 두고 두 개의 기둥이 서로 마주 보고 있다.

 윗부분 바깥 측면에 설정된 방형 구획 안에는 팔엽 연화문이 조각되어 있고, 보물 제910호로 지정되어 있다.

이거사지
移車寺址

　　이거사지는 경주에서 울산으로 가는 7번 국도를 따라가다 동방역과 불국사역 중간지점에 도지동 대기실 마을에 있다. 남아 있던 1층 지붕돌은 1963년 불국사역 앞의 삼층석탑 재건 시에 운반되었고 현재는 기단석과 지붕돌, 몸돌이 일부 남아 있다. 옮겨진 1층 지붕돌은 2009년 5월 다시 남산 전(傳)염불사지에 옮겨져 있다. 창건 및 폐사(廢寺)된 연대는 알 수 없다. 1931년 이전에 이곳에 있던 석조여래좌상은 서울시 유형문화재 제24호로 현재 서울시 종로구 청와대 숲 속 침류각(枕流閣) 뒤의 샘터에 모셔져 있다.

이거사지 비로자나불좌상
(移車寺址 毘盧遮那佛坐像)

이 불상은 이거사지 폐탑에서 동쪽으로 약 160m가량 떨어진 곳에 있는데, 전체 높이는 120㎝이다. 머리에 보관을 쓴 것 같은데 띠만 남고 상반이 깨어져 나갔다.

양쪽 귀는 머리에 밀착되고, 작은 눈과 입은 마모되었다. 양손은 지권인(智拳印)을 맺었으나 손목에는 손상이 있다. 가사는 우견편단이며, 오른쪽 어깨와 왼쪽 가슴에 주름이 남았고, 결가부좌한 너비 94㎝의 두 무릎을 덮고 있다. 뒷면은 옷 주름이 선명하다. 머리와 몸체의 석질과 조각 수법이 서로 달라 원래는 한 몸이 아닌 것으로 추정된다.

고선사지
高仙寺址

고선사지는 경주
에서 감포로 넘어가
는 암곡동 논에 있
었으나 1975년 덕
동댐 건설로 현재 수
몰되어 그 흔적은 찾
을 수 없다. 1975년
발굴조사 결과 이 절의 가람배치는 다른 사찰에서 볼 수 없는 특이
한 구조로서 가람을 동·서로 2구역으로 나누고, 동·서로 구분된 지
역은 각각 그 주위 4면에 회랑(廻廊)을 따로 둘러 독립시켰다. 그 가
운데 서편의 중심에는 석탑이 세워졌고, 동편의 중심에는 기단 4면에
무늬 없는 전돌(博)로 바닥을 깔아서 사람이 다닐 수 있는 길을 만든
금당지(金堂址)가 있었으며, 금당지 뒤로 정면 5칸, 측면 1칸의 비각
지(碑閣址)가 있었는데, 중앙간(中央間)에 비석을 세웠던 귀부(龜趺)
가 있었다.

　이곳은 원효가 머물렀던 곳으로 전해지며, 『삼국유사』에 그 기록
이 있다.

　서울 만선북리(萬善北里)에 있는 과부가 남편도 없이 태기가 있어
아이를 낳았는데 나이 12세가 되어도 말을 못 하고 일어나지 못하므
로 사동(蛇童, 아래에는 사복(蛇卜)이라고도 하고, 또 사파(蛇巴)・사
복(蛇伏)이라고 썼다. 하지만 이것은 모두 사동(蛇童)을 말한다.)이라
고 불렀다. 어느 날 그의 어머니가 죽었는데 그때 원효(元曉)가 고선
사(高仙寺)에 있었다. 원효는 그를 보고 맞아 예를 했으나 사복(蛇福)
은 답례도 하지 않고 말한다. "그대와 내가 옛날에 경(經)을 싣고 다
니던 암소가 이제 죽었으니 나와 함께 장사 지내는 것이 어떻겠는
가." 원효는 "좋다." 하고 함께 사복의 집으로 갔다. 여기에서 사복
은 원효에게 포살(布薩)시켜 계(戒)를 주게 하니, 원효는 그 시체 앞
에서 빌었다. "세상에 나지 말 것이니, 그 죽는 것이 괴로우니라. 죽
지 말 것이니 세상에 나는 것이 괴로우니라." 사복은 그 말이 너무

번거롭다고 하니 원효는 고쳐서 말했다. "죽는 것도 사는 것도 모두 괴로우니라." 이에 두 사람은 상여를 메고 활리산(活里山) 동쪽 기슭으로 갔다. 원효가 말한다. "지혜 있는 범을 지혜의 숲 속에 장사 지내는 것이 또한 마땅하지 않겠는가." 사복은 이에 게(偈)를 지어 말했다.

옛날 석가모니 부처님께서는,
사라수(娑羅樹) 사이에서 열반(涅槃)하셨네.
지금 또한 그 같은 이가 있어,
연화장(蓮花藏) 세계로 들어가려 하네.

말을 마치고 띠기의 줄기를 뽑으니, 그 밑에 명랑하고 청허(清虛)한 세계가 있는데, 칠보(七寶)로 장식한 난간에 누각이 장엄하여 인간의 세계는 아닌 것 같다. 사복이 시체를 업고 속에 들어가니 갑자기 그 땅이 합쳐 버린다. 이것을 보고 원효는 그대로 돌아왔다.

후세 사람들이 그를 위해서 금강산(金剛山) 동남쪽에 절을 세우고 절 이름을 도량사(道場寺)라 하여, 해마다 3월 14일이면 점찰회(占察會)를 여는 것을 상례(常例)로 삼았다. 사복이 세상에 영험을 나타낸 것은 오직 이것뿐이다. 그런데 민간에서는 황당한 얘기를 덧붙였으니 가소로운 일이다.

삼층석탑

이 탑은 원래 위치는 암곡동 덕동호 수몰지역 고선사터에 위치하고 있었으나 1975년 국립경주박물관 야외로 옮겨졌다.

이중 기단 위에 3층 탑신부를 건립하고 정상부에 상륜부를 올려놓은 일반형 석탑이다. 하층 기단은 지대석과 면석을 같은 돌로 하여 12매로 구성하였는데, 각 면에는 3기의 탱주와 우주가 모각되어 있다.

갑석 역시 12매의 석재로 조립하였는데, 상면에는 호각형 2단의 상층기단 받침을 조출하고 있다. 상층기단 역시 12매의 석재로 조립하였는데, 각 면에는 2기의 탱주와 우주가 모각되어 있다. 기단의 갑석은 8매의 석재로 조립하였는데, 하면에는 각형 1단의 부연이, 상면에는 각형 2단의 탑신받침을 두었다. 탑신부의 1층 몸돌은 네 귀퉁이에 우주석을 하나씩 세워서 양 우주로 삼고 그 사이에 면석 1매씩을 끼워 총 8매로 조립하였다. 그리고 각 면에는 문 모양을 양각하였다. 2층 몸돌은 각 면 1매씩 4매로 구성하고 각 면에는 양 우주를 조각하였다. 삼층만은 하나의 몸돌로 이루어졌는데, 사리장치와 찰주를 세우기 위한 배려였음을 해체 복원 때에 알게 되었다. 지붕돌 층급받침은 5단씩이고, 상면에는 각형의 2단의 굄을 높직하게 조각하여 그 위층의 탑재를 받치고 있다. 상륜부는 노반, 복발, 앙화가 남아 있으나 찰주는 없다. 국보 제38호로 지정되어 있고, 높이 10.2m로 7세기 후반의 탑으로 추정된다.

무장사지
鍪藏寺址

    무장사지는 암곡동에 있으며 『삼국유사』 제3권 탑상 제4 무장사 미타전에 기록이 있다.

    서울 동북쪽 20리쯤 되는 암곡촌 북쪽에 무장사가 있으니, 이것은 신라 제38대 원성대왕(元聖大王)의 아버지 대아간(大阿干) 효양(孝讓), 즉 추봉(追封)된 명덕대왕(明德大王)의 숙부 파진찬(波珍湌)을 추모(追慕)해서 세운 것이다. 그윽한 골짜기가 몹시 험준해서 마치 깎아 세운 듯하다. 그곳은 깊고 어두워 저절로 허백(虛白)이 생길 것이니, 이야말로 마음을 쉬고 도(道)를 즐길 만한 신령스러운 곳이었다. 절의 위쪽에 아미타(阿彌陀)의 고전(古殿)이 있다. 곧 소성대왕(昭成大王 혹은 昭聖大王)의 비(妃) 계화왕후(桂花王后)는 대왕(大王)이 먼저 세상을 떠나자 근심에 차서 황황하여 어찌할 줄 모르고 지극히 슬퍼하여 피눈물을 흘리고 괴로워했다. 이에 그는 밝고 아름다운 일을 돕고 명복을 빌 것을 생각했다. 이때 서방(西方)에 아미타(阿彌陀)라는 대성(大聖)이 있어 지성으로 그를 믿으면 잘 구원하여 맞아 준다는 말을 듣고 "이것이 사실이라면 어찌 나를 속이겠느냐." 하고는 이에 육의(六衣)의 화려한 옷을 희사하고 구부(九府)에 저장해 두었던 재물을 다 내어 이름난 공인(工人)들을 불러서 아미타불상(阿彌陀佛像) 하나를 만들게 하고, 아울러 신중(神衆)도 만들어 모셨다.

이보다 앞서 이 절에는 늙은 중 하나가 있었는데 어느 날 꿈에, 진인(眞人)이 석탑(石塔) 동남쪽 언덕 위에 앉아서 서쪽을 향하여 대중을 위해서 설법하는 것을 보고 속으로, "이곳은 반드시 불법이 머무를 곳이다."라고 생각하고 마음속에 숨겨 두고 남에게 말하지 않았다. 그곳은 원래 바위가 험하고 시냇물이 급하게 흐르므로 공인(工人)들은 돌아다보지도 않았고, 다른 사람들도 모두 좋지 못한 곳이라고 했다. 그러나 터를 닦을 때에는 평탄한 곳을 얻어서 집을 세울 만하여 확실히 신령스러운 터와 같으니 보는 이들은 깜짝 놀라 좋다고 하지 않는 이가 없었다. 그러나 근고(近古)에 와서 미타전(彌陀殿)은 허물어지고 절만 홀로 남아 있다. 세상에 전하는 말에 의하면, "태종(太宗)이 삼국(三國)을 통일한 뒤에 병기와 투구를 이 골짜기 속에 감추어 두었기 때문에 무장사라고 한다."고 한다. 조선 순조 17년(1817)에 추사(秋史) 김정희(金正喜)가 이곳을 방문하였다고 한다.

아미타불조상사적비 이수 및 귀부
(阿彌陀佛造像事蹟碑 螭首·龜趺)

현재 비는 없어지고 비를 받쳤던 귀부(龜趺)와 위에 얹었던 용 모양을 새긴 비머리(螭首)만이 남아 있다. 1915년 주변에서 무장사 아미타조상사적비(鍪藏寺阿彌陀造像事蹟碑)라는 비석의 조각을 발견하여 절 이름이 무장사였던 것을 알게 되었다. 귀부는 여기에서 용머리로 변하였고, 이수는 구름 속에 앞쪽 발로 여의주를 잡고 있다. 두 마리의 거북이 등에 비를 받치던 자리 둘레에는 십이지신상(十二支神像)이 조각된 것도 특이한 점이다.

비 머리에는 '아미타불□□(阿彌陀佛□□)'이라는 글자가 두 줄로 새겨져 있다. 비문은 마모가 심하여 내용을 파악하기는 어려우나, 신라 소성왕(昭聖王)의 왕비인 계화부인(桂花夫人)이 소성왕의 명복(冥福)을 빌기 위해 아미타불상(阿彌陀佛像)을 만들어 무장사에 모신 내력을 새긴 것이다.

비 조각은 국립경주박물관에 보관되어 있으며 보물 제125호로 지정되어 있다. 2008년 11월 20일 귀부의 좌측면 머리 1점을 발견하였다.

삼층석탑

이 탑은 이중 기단으로, 1층 기
단에는 모서리기둥과 2개의 안기둥
을 조각하고 덮개돌을 올렸다. 2층
기단은 8개의 돌로 짜 맞춘 다음
각 면에 2개씩의 원형에 가까운 안
상(眼象)을 조각하여 모서리기둥과
안기둥에 새겨 넣었다.

1층 몸돌은 1개의 돌로 만들어
모서리기둥을 조각하였고 1층 지붕
돌도 1개의 돌로 만들고 아랫면에
층급 5단의 받침을 조각하였다. 1층 몸돌 상면 중앙에는 1변 27.5㎝,
깊이 23㎝의 큼직한 방형사리공이 발견되었다. 2층과 3층도 1층과
같이 몸돌과 지붕돌을 각각 1개의 돌로 만들고 5단의 받침을 나타내
었다.

상륜부(相輪部)는 없어졌는데 1962년에 다시 세우면서 노반(露盤)
과 복발(覆鉢)만 새로 만들어 올렸으며 현재 높이 4.95m이다. 기단에
안상(眼象)을 조각한 수법으로 보아 통일신라시대 9세기에 만들어진
것으로 추정되며 보물 제126호로 지정되어 있다.

감은사지
感恩寺址

경주시 양북면 용당리에 있는 감은사지는 사적 제31호로 지정되어 있다. 처음에는 부처님의 힘으로 왜구(倭寇)를 물리치고자 공사를 시작하여 '진국사(鎭國寺)'라 이름 지었는데, 삼국을 통일한 신라 문무왕(文武王)은 절의 완성을 보지 못하고 생을 마감하게 되었다.

문무왕의 호국의지는 진국사의 창건으로 아들 신문왕에게로 이어졌다. 신문왕은 선왕의 유언에 따라 화장 후 동해에 장례를 지내고, 선왕이 창건한 절을 이듬해 682년에 완성하고 이름을 '은혜에 감사

한다'는 의미에서 '감은사(感恩寺)'로 고쳐 부르게 되었다.

1959년과 1979~1980년의 부분 발굴과, 1982년의 발굴 결과에 의하여 절터의 전체 모습을 확인할 수 있었다.

남쪽의 중문을 들어서면 동서에 탑이 있고, 그 뒤로 중앙에는 불상을 모시는 금당이 있

으며, 그 뒤에 강당이 있다. 중문에서 강당까지 회랑을 두른 구조로 이러한 절 배치를 쌍탑 1금당식이라 한다.

절은 남북으로 놓여 있는데, 입구의 문은 남문이다. 남문 앞에는 용담(龍潭)이라는 네모난 연못이 있었다.

감은사지를 발굴할 때 가장 큰 관심은 『삼국유사(三國遺事)』에 "동해에 용이 되신 문무왕께서 지친 몸을 편히 쉴 수 있도록 금당 동쪽에 용혈(龍穴)을 두었다."는 기록이 있다. 발굴 결과 용혈은 남아 있지 않으나 금당 바닥 밑에 빈 공간을 발견하였다. 이 공간이 바로 『삼국유사』에 기록되었던바, 용이 들어와 쉴 수 있는 상징적인 공간임을 확인하게 되었다.

남문 다음에는 가파른 언덕을 올라 중문으로 들어오게 되어 있었는데, 중문에 서면 3층 쌍탑과 정면에 금당이 보인다. 중문 좌우로는 금당으로 가는 회랑(복도)터가 보이고, 금당 뒤에는 강당터가 복원되어 있다.

신문왕은 금당 아래에 용혈(龍穴)을 파서 용으로 화한 문무왕이

불경소리를 듣고 싶으면 늘 해류를 타고 출입할 수 있도록 배려를 하였는데, 이는 왜구의 침입에 따른 첩보용으로도 활용되었을 것으로 보인다. 감은사는 사찰의 보호와 보존을 위해 감은사성전(感恩寺成典)이 설치되어 있었다. 이곳은 1금당 쌍탑식의 가람으로, 남북보다 동서의 길이가 긴 형태로 금당을 중심으로 동서의 회랑을 연결하는 중회랑을 둔 점이 특이하다. 중문의 남쪽으로 정교하게 쌓은 석축이 있으며, 이 석축의 바깥으로는 현재 못이 하나 남아 있는데 용담이라 부른다. 동해와 대종천을 이어 이곳 용담으로 연결된 구조로서 금당 마루 밑으로 통하게 되어 있었던 듯하다.

금당지는 이중의 방형 대석 위에 장대석을 걸쳐 놓고 그 위에 큰 장대석을 마루 놓듯이 깔고 그 위에 초석을 놓아 그 밑은 공간을 만들었기 때문이다. 조사에서 금당건물 바닥 밑에 공간을 설치한 석상유구가 확인되었고, 금당기단 좌우에는 동서 회랑에 연결되는 익랑이 있었음이 확인되었다. 이는 우리나라 쌍탑식 가람의 기본형식이 금당 좌우에 익랑이 설치되는 형식임을 확정 짓는 계기가 되기도 하였다.

이곳에서 수습된 유물 가운데 고려 말엽의 금고(金鼓)가 있다. 지름이 32.2cm인 감은사지 정십일년명 금고(感恩寺 至正十一年銘 金鼓)가 금동풍탁 3점과 함께 출토되었다. 일반형의 금고와 같은 형태에 측면에 도드라지게 횡선대를 두르고 양쪽에 고리 2개를 붙였는데 1351년 계림부의 감은사에서 만들었다고 하는 명문 76자가 음각되어 있다. 이로써 감은사가 고려 공민왕 원년인 1352년까지 존속하였고, 우리나라를 침범하던 왜적들이 탈취해 간 물건 이름을 구체적으로 알 수 있는 자료를 얻게 된 것이다.

감은사지 삼층석탑(感恩寺址 三層石塔)

　감은사 금당(金堂) 앞에 동서로 마주 보고 서 있으며 높이는 13.4m이다. 이중 기단 위에 몸돌을 세우고 지붕돌 처마 밑 층급받침은 5단을 이루고 있으며 지붕 위는 곡면을 이루어 통일신라시대 전형적인 양식을 보인다. 동·서 삼층석탑은 전체적인 형식에서 치수까지도 거의 같은 구조로 되어 있다. 우리나라 삼층석탑 중 가장 큰 규모로 이 탑의 가장 큰 특징은, 각 부분들이 하나의 통 돌로 이루어진 것이 아니라 수십 개에 이르는 부분석재로 조립되었다는 것이다. 각 석탑에 사용된 부재는 기단석 44점, 탑신석 13점, 옥개석 24점, 노반석 1점 등 총 82점의 석재가 사용되었다. 하층기단은 지대석과 면석을 같은 돌로 다듬어 12장의 석재로 구성하였으며 갑석 또한 12장이다.

　1959년 12월 서탑을 해체 보수할 때 3층 몸돌에서 처음 건립 당시 설치하였던 정교한 사리장치(舍利裝置)가 발견되었다.

　1996년 4월 25일에 동탑을 해체·보수하였는데, 3층 지붕돌의 상면 사리공에서 금동사리함(金銅舍利函)이 발견되었고 2008년 8월 해체 보수되었다. 국보 제112호로 시정되어 있다.

동탑 사리장엄구

서탑 사리장엄구

호원사지
虎願寺址

　호원사지는 현재 황성공원 남쪽일대로 추정되며, 특히 403～1번지에는 탑재들이 남아 있어 이곳 일대로 비정되고 있다. 『삼국유사 (三國遺事)』 제5권 감통 제7 김현감호(金現感虎) 창건에 대한 내용이 있다.

신라 풍속에 해마다 2월이 되면 초파일(初八日)에서 15일까지 서울의 남녀가 다투어 흥륜사(興輪寺)의 전탑(殿塔)을 도는 복회(福會)를 행했다. 원성왕(元聖王) 때에 김현(金現)이라는 낭군(郎君)이 있어서 밤이 깊도록 혼자서 탑 돌기를 쉬지 않았다. 그때 한 처녀가 염불을 하면서 따라 돌다가 서로 마음이 맞아 눈을 주더니 돌기를 마치자 으슥한 곳으로 이끌고 가서 정을 통하였다. 처녀가 돌아가려 하자 김현이 따라가니 처녀는 사양하고 거절했지만 김현은 억지로 따라갔다. 길을 가다가 서산(西山) 기슭에 이르러 한 초가집으로 들어가니 늙은 할머니가 처녀에게 물었다. "함께 온 자는 누구냐." 처녀가 사실대로 말하자 늙은 할머니는 말했다. "아무리 좋은 일이라도 없는 것만 못하다. 그러나 이미 저지른 일이어서 나무랄 수도 없으니 은밀한 곳에 숨겨 두어라. 네 형제들이 나쁜 짓을 할까 두렵다." 하고 김현을 이끌어 구석진 곳에 숨겼다. 조금 뒤에 세 마리 범이 으르렁거리며 들어와 사람의 말로 말했다. "집에서 비린내가 나니 요깃거리가 어찌 다행하지 않으랴." 늙은 할머니와 처녀가 꾸짖었다.

　"너희 코가 잘못이다. 무슨 미친 소리냐." 이때 하늘에서 외치는 소리가 들렸다. "너희들이 즐겨 생명을 해치는 것이 너무 많으니, 마땅히 한 놈을 죽여 악을 징계하겠노라." 세 짐승은 이 소리를 듣자 모두 근심하는 기색이었다. 처녀가 "세 분 오빠께서 만약 멀리 피해 가서 스스로 징계하신다면 내가 그 벌을 대신 받겠습니다." 하고 말하니, 모두 기뻐하여 고개를 숙이고 꼬리를 치며 달아나 버렸다. 처녀가 들어와 김현에게 말했다. "처음에 저는 낭군이 우리 집에 오시는 것이 부끄러워 짐짓 사양하고 거절했습니다. 그러나 이제는 숨김 없이 감히 진심을 말씀드리겠습니다. 또 저와 낭군은 비록 종족은 다르지만 하루저녁의 즐거움을 얻어 중한 부부의 의를 맺었습니다. 세 오빠의 악함은 하늘이 이미 미워하시니 한 집안의 재앙을 제가 당하려 하오나, 보통 사람의 손에 죽는 것이 어찌 낭군의 칼날에 죽어서 은덕을 갚는 것만 하겠습니까. 제가 내일 시가(市街)에 들어가 몹시 사람들을 해치면 나라 사람들은 저를 어찌할 수 없어서, 임금께서 반드시 높은 벼슬로써 사람을 모집하여 저를 잡게 할 것입니다. 그때 낭군은 겁내지 말고 저를 쫓아 성 북쪽의 숲속까지 오시면 제가 기다리고 있겠습니다." 김현은 말했다. "사람이 사람과 사귐은 인륜의 도리지만 다른 유(類)와 사귐은 대개 떳떳한 일이 아니오. 그러나 일이 이미 이렇게 되었으니 진실로 하늘이 준 다행인데 어찌 차마 배필의 죽음을 팔아 한 세상의 벼슬을 바라겠소." 처녀가 말했다. "낭군은 그 같은 말을 하지 마십시오. 이제 제가 일찍 죽는 것은 대개 하늘의 명령이며, 또한 저의 소원이요 낭군의 경사이며, 우리 일족의 복이요 나라 사람들의 기쁨입니다. 한 번 죽어 다섯 가지 이로움을 얻을 수 있는 터에 어찌 그것을 마다하겠습니까. 다만 저를 위하여 절을 짓고 불경(佛經)을 강론하여 좋은 과보(果報)를 얻는 데 도움이 되게 해 주신다면 낭군의 은혜, 이보다 더 큼이 없겠습니다." 그들은 마침내 서로 울면서 작별했다. 다음 날 과연 사나운 범이 성 안에 들어와서 사람들을 몹시 해치니 감히 당해 낼 수 없었다.

원성왕(元聖王)이 듣고 영을 내려, "범을 잡는 사람에게 2급의 벼슬을 주겠다."고 하였다. 김현이 대궐에 나아가 아뢰었다. "소신이 잡겠습니다." 왕은 먼저 벼슬을 주고 격려하였다. 김현이 칼을 쥐고 숲속으로 들어가니 범은 변하여 낭자(娘子)가 되어 반갑게 웃으면서, "어젯밤에 낭군과 마음속 깊이 정을 맺던 일을 잊지 마십시오. 오늘

내 발톱에 상처를 입은 사람들은 모두 흥륜사의 간장을 바르고 그 절의 나발(螺鉢) 소리를 들으면 나을 것입니다." 하고는, 이어 김현이 찬 칼을 뽑아 스스로 목을 찔러 고꾸라졌다. 김현이 숲속에서 나와서, "범은 쉽게 잡았다."고 말했다. 그리고 그 연유는 숨기고, 다만 범에게 입은 상처를 그 범이 시킨 대로 치료하니 모두 나았다. 지금도 민가에서는 범에게 입은 상처에는 역시 그 방법을 쓴다. 김현은 벼슬에 오르자, 서천(西川)가에 절을 지어 호원사(虎願寺)라 하고 항상 범망경(梵網經)을 강론하여 범의 저승길을 인도하고 또한 범이 제 몸을 죽여 자기를 성공하게 해 준 은혜에 보답했다. 김현은 죽을 때에 지나간 일의 기이함에 깊이 감동하여 이에 붓으로 적어 전하였으므로 세상에서 비로소 듣고 알게 되었으며, 그래서 이름을 논호림(論虎林)이라 했는데 지금까지도 그렇게 일컬어 온다.

굴불사지 掘佛寺址

굴불사지는 사면불로 유명한 곳인데, 1910년 일제강점기 때 이미 조사가 되었고 1981년 국립경주박물관에 의하여 발굴조사가 실시되었으며, 2차 발굴은 1985년에 있었다. 발굴조사 결과 금당지와 유구 건물의 석축 굴석사(掘石寺)라는 명문과 함께 대정(大正) 23년이라는 명문이 새겨진 청동반자와 소형 종이 출토되어 현재 국립경주박물관에 소장 중이다.

굴불사지 석불상(掘佛寺址 石佛像)

이 불상은 신라 제35대 경덕왕이 백률사에 행차하려고 산 아래에 이르자 땅속에서 독경(염불) 소리 같은 것이 들려 사람을 시켜 땅을 파보도록 명하니 사불상이 새겨진 큰 돌이 나왔다. 굴불사는 석불을 파내었다는 데서 비롯된 이름이다. 서쪽 아미타여래, 동쪽 약사여래, 북쪽 미륵, 남쪽 석가의 사면불이다.

서쪽의 아미타여래는 관세음보살과 대세지보살이 협시한 삼존불이다. 높이 3.9m로 다른 불상보다 크며 돋을새김을 하였는데, 사면불 가운데 가장 먼저 제작되었을 것으로 추측되고 있다.

불두는 둥글게 조각하여 얹혀 있고, 오른손은 떨어져 나갔다. 독립된 돌로 조각된 1.95m의 협시보살은 삼곡 자세이다. 동쪽의 약사여래상은 결가부좌하였는데, 왼손에 약함을 들었고 오른손은 시무외인을 한 듯하나 파손되었다.

남쪽의 삼존불은 불상과 한 구의 보살상만 있는데 바른쪽 보살상은 완전히 떼어지고 없다. 북쪽에는 보살상이 두 구가 있는데, 왼쪽에는 선각으로 표현된 십일 면의 얼굴과 여섯 개의 팔이 달린 십일면육비(十一面六臂)의 관음보살상이고, 오른쪽에는 돋을새김의 미륵보살로 추정되는 보살상이 있다. 이처럼 사면에 불상이 새겨진 것은 아마도 당시 신앙에 선민사상이 반영된 듯하며, 제작 시기도 각각 달리 순차적으로 만들어진 것으로 보이며 보물 제121호로 지정되어 있다.

숭복사지 崇福寺址

이 절터는 경주시 외동읍 말방 2리 윗마을에 있다. 숭복사는 『삼국유사(三國遺事)』와 최치원(崔致遠)이 지은 비문에 의하면 신라 선덕왕(善德王) 이전에 파진손(波珍飡) 김원량(金元良)이 건립하여 곡사(鵠寺)라 하였다가 원성왕(元聖王)이 죽자 이곳에 능을 하고 지금 위치로 절을 옮겼다. 그 후 경문왕(景文王)이 즉위하여 꿈에 원성왕을 보고 개건(改建)하여 능역(陵域) 수호와 명복을 빌게 하고 헌강왕(獻康王) 때 비로소 사명(寺名)을 대숭복(大崇福)이라 하였다.

이 절터는 1929년 5월에서 8월 일본인 후지시마의 절터 조사 당시 말방리사지(末方里寺址)로 명명된 이후 1935년 藤島亥治郎에 의해 조사되었으며 1965년 3월 1일 정영호의 절터 조사가 5월에는 진홍섭의 석탑 조사가 이루어졌다. '국사대웅(國寺大雄)', '개와대웅(蓋瓦大雄)' 등 문자가 있는 평와(平瓦), 금동제 금구(金具), 단비(斷碑)의 편석 3개 등이 발견되었으며, 쌍두귀부(雙頭龜趺)와 함께 국립경주박물관에 보관되어 있다.

숭복사지 삼층석탑

이 석탑은 쌍탑으로 이중 기단으로 된 통일신라시대의 전형적인 삼층석탑이다. 서쪽의 탑은 3층으로 아래층의 갑석 일부가 파괴되고 위층 면석에는 가운데 기둥 1개로 양분하여 사면에 팔부신중상을 양각하였다. 1, 3층만 모서리기둥이 모각된 몸돌이 있고 1층 몸돌에는 사면에 문비(門扉)가 조각되어 있다. 각 지붕돌의 받침은 4단이며 상륜부(相輪部)는 남아 있지 않다. 동쪽 탑은 서탑과 같은 크기와 양식으로 보이나 현재는 일부 파괴된 기단부와 1층 몸돌과 두 개의 지붕돌만이 남아 있으며, 통일신라시대 9세기의 작품으로 추정되고 있다. 경상북도 문화재자료 제94호로 지정되어 있으며 2007년 주변을 정비하였다.

동탑   서탑

동탑 팔부중상

서탑 팔부중상

동탑과 서탑의 팔부중상을 비교해 보면 다음과 같다.

동탑의 팔부중상

동면	향좌상	긴나라	머리 좌우에 소와 말의 두상이 있고, 머리 위에는 새 모양이 있다. 양손은 합장을 하고 있다.
	향우상	마후라가	머리 위에는 뱀 보관을 쓰고, 왼손은 뱀을 잡고, 오른손은 앞가슴에 대고 있다.
서면	향좌상	천	머리에는 보관을 쓰고, 오른손은 금강저를 잡고 있으며, 왼손은 허리에 대고 있다.
	향우상	가루라	양손을 가슴에 대고, 입은 새부리 모양을 하고 있다.
남면	향좌상	아수라	삼두팔비상으로서 각 손은 최상위로부터 일·월 보함, 노끈·도, 추·금강저를 지니고 있고, 가운데 양손은 합장을 하고 있다.
	향우상	건달파	머리에는 사자관을 쓰고, 오른손으로 사자를 잡고 있다.
북면	향좌상	야차	입에 염주를 물고, 두 손으로 받치고 있다.
	향우상	용	머리에 용 보관을 쓰고, 오른손은 여의주를 쥐고 있다.

서탑의 팔부중상

동면	향좌상	긴나라	머리 좌우에 소와 말의 두상이 있고 양손은 합장을 하고 있다.
	향우상	마후라가	머리 위에는 뱀 보관을 쓰고, 양손은 뱀을 잡고 있다.
서면	향좌상	아수라	삼두팔비상으로서 각 손은 최상위로부터 일·월 보함·도·추·금강저·노끈 등을 지니고 있고, 가운데 양손은 합장을 하고 있다.

	향우상	건달파	머리에는 사자관을 쓰고, 양손으로 사자 다리를 잡고 있다.
남면	향좌상	야차	입에 1줄 염주를 물고, 두 손으로 받치고 있다.
	향우상	용	머리에 용 보관을 쓰고, 왼손은 용의 꼬리부분을 잡고 있다.
북면	향좌상	천	머리에는 보관을 쓰고, 오른손은 금강저를 잡고 있다.
	향우상	가루라	양손을 가슴에 두고 새부리 모양의 입을 하고 있다.

숭복사지 귀부(龜趺)

　이 귀부는 현재 경주국립박물관 야외에 전시되어 있다. 신라 진성여왕 10년(896)에 조성된 것으로 추정된다. 최치원이 지은 비(碑)가 있다는 『삼국유사』 기록으로 보아 아마도 그 비가 이 귀부에 세워졌던 것 같다. 머리는 용두화되었으며, 짧은 목에는 구슬 목걸이를 걸었고 등에는 큼직한 두 겹의 귀갑문이 새겨져 있다.

　비좌(碑座)를 별석으로 만들고 안상문(眼象文) 안에 천인상(天人像)을 새겼다. 두 거북이의 각 오른쪽 발가락은 4개의 발톱을 조각하였고 왼쪽 발과 달리 살짝 발가락을 들고 있는 모습도 다른 귀부에서는 볼 수 없는 점이다. 쌍거북을 조성한 예로는 창림사지, 무장사지, 포항 법광사지 등에 있으며, 조각수법으로 보아 9세기 후반에 조성된 것으로 추정된다.

원원사지
遠願寺址

  경주시 외동읍 모화리 봉서산(鳳棲山) 기슭 삼태봉(三台峰)의 서쪽
에 있으며 최근에 지은 천불전 뒤편으로 석축이 길게 남아 있고, 석
축 서편에 절터가 있는데, 바로 원래의 옛 원원사지(遠願寺址)이다.
신라 신인종(神印宗)의 개조(開組)인 명랑(明郎)이 세운 사천왕사(四
天王寺), 금광사(金光寺)와 함께 통일신라시대에 있어서 문두루비법
(文豆婁秘法)의 중심도량이었던 유서 깊은 절이다.

원원사는 밀교의 후계자들인 안혜(安惠) 낭융(朗融) 등과 김유신 (金庾信) 김의원(金義元) 김술종(金述宗) 등이 함께 뜻을 모아 국가의 평화를 기원하기 위하여 세운 호국사찰이다.

절터에는 현재 통일신라시대의 축대를 비롯하여 금당지(金堂址) 등 건물터, 석탑(石塔), 석등(石燈), 부도(浮屠) 등 많은 석조 유물이 남아 있고 사적 제46호이다.

동·서 삼층석탑

이 탑은 이중 기단 위에 3층 탑신을 올린 일반형 석탑으로, 약 200여 년 전 분묘 설치를 목적으로 파괴되어 무너져 있던 것을 1931 년 복원하였다. 양 석탑의 양식은 동일한데, 지붕돌의 파손이 심할 뿐 비교적 완전한 형식을 유지하고 있다. 상하 기단 면석에 탱주 2 개가 조각돼 있는 것으로 보아 통일신라시대 건립된 것임을 알 수 있다. 특히 상층 기단과 1층 몸돌에는 각기 십이지신상과 사천왕상 을 강하게 조각하는 등 화려한 장식을 볼 수 있다.

상층 기단 한 면에 3구씩 조각된 십이지신상은 연화대좌 위에 앉 아 있는데, 머리는 짐승이고 몸체는 사람의 모습으로 평복의 옷자락 을 아름답게 휘날리며 앉아 있는 모습이 훌륭하며 동적(動的)이다. 두 손은 앞가슴에 모은 자세로 일반적으로 능묘에 나타나는 강한 수 호신 이미지의 십이지신상과는 조금 다르게 느껴진다. 낙수면의 경 사는 비교적 완만한데, 대부분 처마선은 파손되었다.

상륜부에는 노반(露盤)과 앙화(仰花)만이 남아 있다. 8세기 중엽에 건립된 것으로 추정되며 십이지신상이 조각된 탑의 효시로 보물 제1429호로 지정되어 있다.

탑신부는 몸돌과 지붕돌이 각각 1석으로 조성되었으며, 몸돌에는 우주가 모각되어 있는데, 특히 1층 몸돌에는 갑옷을 입고 무기를 든 힘찬 사천왕상이 1구씩 조각되어 있다.

석조(石槽)

　　원원사지 부근에는 모두 2기의 석조(石槽)가 분포하고 있는데 1기
는 원원사지에서 동북쪽으로 100여m 정도 떨어진 논 가운데에 비스
듬히 방치되어 있다. 이 석조는 화강암을 장방형으로 다듬은 것으로
바깥쪽으로 배수구멍이 뚫려 있다.

　　또 다른 1기의 석조는 원원사지에서 서북쪽으로 약 50m 정도 떨
어진 곳에 위치하고 있는데, 석조의 주변에는 사지와 관련된 것으로
보이는 초석들이 산재한다. 이 석조의 바깥 면의 형태는 말각 장방
형이고 내면은 타원형에 가깝다. 또한 입수부(入水部)와 출수부(出水
部)가 석조의 상면에 형성되어 있는데 약간의 홈을 파서 만들어 놓
았다. 석조의 상면이 지표면의 높이와 비슷하게 되어 있다.

용당(龍堂)

   원원사지 삼층석탑 뒤쪽 금당터에서 왼쪽에는 용당(龍堂) 혹은 용
왕전(龍王殿)이라 불리는 건물이 있다. 신라시대 우물이라 보기는 어
려우나 일반 사찰에서는 나타나지 않는 특이한 건물이다. 정방형의
사각 우물이 있고, 건물 벽면에는 용왕 그림이 그려져 있다.
   우물 앞쪽에는 기다란 수로가 남아 있으며 물이 고이는 것을 방지
하고 수로를 통해서 바깥쪽으로 흐르도록 되어 있다.

부도군(浮屠群)

원원사지에서 동북쪽으로 약 250여m 정도 떨어진 계곡에 3기의 부도가 모여 있다. 부도 1은 석종형 탑신으로 정상에 꼭대가 있으나 원래 보주(寶珠), 조식(彫飾)은 없다. 부도 2는 지대석 상면에 꼭 1단, 대석 측면에 앙련(仰蓮)이 있고 석종형 탑신, 보주는 별석이나 결실되었다. 부도 3은 방형기단에 방형 대석으로 모를 죽이고 상면에 낮고 높은 꼭대가 있다. 높은 꼭대에는 가운데에 복련(伏蓮), 상면에 낮은 꼭대가 있고 하대는 낮고 높은 받침 측면에 단엽 안에 그린 중판, 상면에 낮은 꼭대가 있고 석종형 탑신, 하대 운문(雲文)과 화판(花瓣)이 있고 상대에 복련판(伏蓮瓣) 내 귀꽃문 장식이 있으며, 보주 하단에 원권, 그 하단에 꼭대가 있다. 대체적으로 시기는 17세기에서 18세기 작품으로 추정된다.

원원사지에서 서북쪽으로 약 300m 정도 떨어진 곳에 또 다른 부도가 있다. 장대석으로 지반을 축조하였고 그 위에 방형 지대의 상면에는 귀꽃 연화문이 있는 단엽연화문 장식, 그 위에 높직한 1단의 지대 측면에는 좌우에 화판이 있고 원좌 내에 범자삼자(梵字三字), 그 사이에 화판, 화판 중심에 자방(子房), 화판은 오엽(五葉), 원좌(圓座)는 전면에만 새겼고 자경(字徑)은 22㎝이다. 누구의 부도인지 알 수는 없으나 경주 지방에서는 흔히 잘 나타나지 않는 부도라는 점에서 매우 중요한 의미가 있다.

장항리사지
獐項里寺址

경주시 양북면 장항리에 있는 절터로 토함산(吐含山)에서 동쪽으로 뻗어 내린 산줄기가 두 계곡과 만나는 곳에 위치해 있다.

계곡의 높은 절벽 위에 터를 닦고 중앙에는 금당(金堂)을 마련하였다. 금당지의 크기는 전면 15.8m, 측면 12.7m로 비교적 작은 3칸 법당이었던 것으로 보이며, 잘 다듬은 돌로 기단을 만들고 위에 덮

개돌을 얹었던 흔적이 있고 건물의 앞쪽으로 계단을 마련하였다.

불상 대좌(臺座)가 남아 있는데, 아래위 두 개로 되어 있다. 아래 돌은 여덟 방향에 안상(眼象)을 만들어 그 속에 네 곳은 동물을 다른 네 곳은 신장(神將)을 조각하였다. 위에 얹은 돌은 아래위로 붙은 연꽃을 16송이씩 조각하였다.

이곳에는 불상이 있었는데, 1923년 서탑의 사리장치와 불상 내부의 복장 유물을 노리고 야밤을 틈타 도굴꾼들이 광산에 쓰이는 다이너마이트로 폭파하였다. 1929년에는 일본인 후지시마가 조사를 했으며, 1932년 서탑을 복원하면서 국립경주박물관에 옮겨 전시하고 있다.

　1966년에는 서탑재 인양 및 금당터 발굴이 있었다. 통일신라시대
의 일반적인 가람배치에서 보이는 금당 앞의 중문이나 뒤의 강당,
회랑에 대해서는 아직 밝혀진 것이 없으며 사적 제45호로 지정되어
있다.

인용사지
仁容寺址

　　인용사는 신라의 장군이며 외교가였던 태종무열왕의 둘째 아들인 김인문이 중국 당나라 감옥에 갇혀 있을 때, 그의 안녕을 빌기 위해 신라 사람들이 인용사를 짓고 관음도량을 설치하였다고 한다. 694년 김인문이 귀국하는 도중 배에서 그만 세상을 떠나 관음도량을 아미타도량으로 바꾸어 그의 명복을 빌었다고 한다. 신라시대에 승려나 왕이 아닌 개인 한 사람을 위해 일반인들이 세운 절로는 처음이며, 경상북도 문화재 자료 제240호로 지정되어 있다. 국립경주문화재연구소 발굴 조사과정에서 시대를 달리하는 여러 건물 터와 함께 직사각형 연못 터가 확인됐고 탑의 지붕돌을 화려하게 장식했던 흔적을 가진 신라시대의 탑재가 처음으로 발견됐는데 고선사지 삼층석탑과 같이 몸돌에 장식품을 붙였던 흔적은 더러 있으나 지붕돌을 화려하게 장식했던 흔적이 발견된 것은 드물다. 동탑에서는 팔부중상이 조각된 기단면석 1매가 발견되었다. 출토된 두 개의 팔부중 가운데 왼쪽의 형상은 갑옷을 입고 구름 위에 발바닥을 마주하고 앉아 있으며, 오른손은 칼을 들고 왼손에는 보주를 들었다. 입 모양이 새부리 형태인 것으로 보아 가루라상으로 추정된다. 오른쪽의 형상은 역시 갑옷을 입고 구름 위에서 왼쪽 다리를 오른쪽 다리 위에 포개어 가부좌를 했으며 왼손에는 보주로 추정되는 것을 들었으나 오른손은 명확하지 않다. 천상이거나 손의 위치와 지물을 통해 볼 때 용상으로 추정할 수도 있다. 2010년 5월 발굴 조사 결과 6세기 중·후반경의 건물지부터 사찰이 건립되는 8세기 후반까지의 변천과정을 알 수 있는 유구와 유물이 발견되었고 우물에서는 목간이 출토되었다. 이외에도 동경(銅鏡) 등 통일신라 제의(祭儀) 행위의 일면을 엿볼 수 있는 다양한 유물들이 출토되었다.

인용사지 전경

팔부중상

천관사지
天官寺址

천관사지는 도당산 서쪽 기슭 오릉(五陵) 동쪽 논 가운데에 있다. 예전에는 폐탑 1기의 기단석이 잔존해 있었고, 탑 부재 일부 등이 논둑에 노출되어 있는 상태였고 주변은 다 경작지였다. 2001년 5월 국립경주문화재연구소 발굴 조사를 통하여 석탑지, 석등지를 비롯하여 다수의 건물지, 축대, 담장, 우물 등 사찰 관련 시설이 확인되었고, 天자명 명문기와 소형 금동여래입상을 비롯하여 530여 점에 달하는 다양한 유물이 출토되었다. 『신증동국여지승람』에 오릉 동쪽에 있다는 기록으로 이곳을 추정하고 있다.

국립경주박물관 미술관 전시실에는 천관사지에서 출토된 팔부중상 중 가루라상이 있다. 전해지는 이야기로는 천관의 집을 찾아간 신라의 명장 김유신이 청년시절 천관이란 기생집에 자주 왕래하였는데, 이 사실을 안 김유신의 어머니는 여러 가지로 타이르는 등 훈계를 하였다. 이에 유신은 천관과 왕래를 끊었다. 그런 김유신의 결심을 아랑곳하지 않고 김유신의 말은 버릇처럼 술에 취한 김유신을 천관의 집까지 태워서 갔고, 이런 애마는 김유신의 결심을 헛되게 하였다 하여 말의 목을 베고 뒤도 돌아보지 않고 집으로 돌아갔다. 이

후 천관은 그런 유신을 사모하다 못해 끝내 목숨을 끊었고, 훗날 김유신은 옛 여인을 위하여 천관의 집터에 절을 세우고 천관사라 불렀고 그의 명복을 빌어 주었다고 한다. 사적 제340호로 지정되어 있다.

천관사지 전경

천관사(天官寺)

이공승(李公升)

천관이란 절 이름 유래가 있더니 / 寺號天官昔有緣
새로 짓는단 말 들으니 마음 느꺼웁네 / 忽聞經始一悽然
다정한 공자님은 꽃아래 노닐었고 / 倚醉公子遊花下
시름 띤 고운 사람은 말 앞에서 울었네 / 含怨佳人泣馬前
말조차 정이 있어 길을 알았는데 / 紅鬣有情還識路
종놈은 무슨 죄라 채찍으로 때렸던고 / 蒼頭何罪謾加鞭
남은 것은 오직 어여쁜 노래 한 곡 / 唯餘一曲歌詞妙
두꺼비(해)·토끼(달) 함께 잔다는 노래 만고에 전하누나 / 蟾兎同眠萬古傳

청령리사지
青令里寺址

    경주시 안강읍 새각단 마을 뒷산에 위치해 있다. 주변 경사면에 민묘 1기가 조성되어 있는데 탑재들은 이 묘 앞의 석축재로 사용되어 있다. 석탑재는 지대석, 하대중석, 상대갑석, 옥신석(몸돌) 등 여러 부재들이 섞여 있다. 마을 내 민가에는 담장에 연자방아가 있고, 노반(露盤)이 절구로 사용되고 있다. 이곳에는 오래전부터 탑재가 있었는데 일부는 형산강 제방 보수 때 가져갔다고 전한다.

경주지역의 불탑

미탄사지 삼층석탑
味呑寺址

　황룡사지 남북쪽 들판 한가운데 신라시대 미탄사라는 큰 절이 있었다고 전해지고 있다. 이 탑은 완전히 붕괴되었던 것을 1980년 6월에 탑기단부와 주위의 논 경작지 일부를 발굴 조사하여 흩어져 있던 탑재를 모아 복원하였다. 발굴조사 결과 탑 기단부 내부에서 소형 금동불입상 수정제 장식, 금동제 영락 등 30여 점의 유물이 출토되었고 특히 보상화문전범은 국내에서 처음으로 발견되었다. 특이한 것은 탑기단부 적심부를 돌과 찰흙으로 다진 후 불로 구워서 견고히 하였는데 이와 같은 방법으로 만든 예를 밝히기는 이번이 처음 있는 일이다. 높이가 6미터, 기단 폭이 3.86미터이며, 출토유물과 탑의 양식으로 보아 건립 연대는 9세기로 추정된다. 『삼국유사』에 최치원은 바로 본피부 사람이다. 지금은 황룡사 남쪽 미탄사 남쪽에 옛터가 있다고 한다.

황오동 삼층석탑

　이 석탑은 현재 경주역 광장에 있으나, 배반동 속칭 장골(長谷)에 신라시대 사자사(獅子寺)가 있었다고 전하는 터에 무너진 상태로 남아 있었던 것을 1936년 경주역을 현재의 고속버스터미널 남쪽인 사정동에서 이곳으로 옮길 때 그 기념으로 이 석탑재를 운반하여 이곳에 다시 세워 놓은 것이다. 신라 석탑의 형태를 보이고 있으나 일반적인 형태에서 벗어나 다소 이형(異形)을 보이고 있다. 즉 이중의 기단에 놓인 1층의 탑신은 폭에 비하여 높이가 월등히 높고, 아울러 2·3층의 탑신 역시 폭은 그다지 줄지 않았으나 높이는 급격히 줄어 전체적인 모습은 안정된 기초 위에 육중하다기보다는 날렵한 상태를 보이고 있어 신라석탑 양식에서 고려석탑 양식으로 변천하는 과도기의 석탑양식으로 느껴져 매우 주목되는 탑이다. 주변에는 연화대석, 배례석(拜禮石), 석등(石燈) 대석, 비석(碑石), 이수(螭首), 금강역사상(金剛力士像) 등 다양한 석조물들이 있다. 경상북도 문화재자료 제8호로 지정되어 있다.

동부동 삼층석탑

경주 경찰서 정문 오른편의 정원에 전시되어 있으며 경주시 현곡
면의 소현재 서편에서 옮겨온 것이다. 사면(四面)에 보살상이 새겨져
있다.

탑신석의 각 면에 우주(隅柱)를 새겨 놓았고 각 면의 가운데에 불
상을 새겨 놓았다.

동부동 탑신석

경주 경찰서의 정문 왼편에 있다. 경주시 외동읍 입실 2리에서 출토되었다고 전한다. 탑신의 한 면에 감실을 만들고 그 안에 1구의 불상을 새겨 놓았다.

서악리 삼층석탑

이 탑은 선도산으로 올라가는 기슭에 있으며 4매의 장대석을 나란히 놓고 그 위에 8매의 네모난 돌을 2층으로 쌓아 기단으로 삼았다. 이것은 남산동 삼층석탑의 동탑과 유사하다.

몸돌과 지붕돌은 모두 한 장 돌로 구성되어 있는데, 1층 몸돌에 우주(隅柱)를 표현하지 않고 정면 중앙에 문을 파고 그 좌우에 금강역사상(金剛力士像)을 배치하고 있다.

지붕돌은 4, 5단의 층급받침과 함께 지붕면에 6, 7단의 층급을 나타내어 전탑식(塼塔式)으로 표현하고 있다. 몸돌에 비해 지붕돌이 커서 상하의 균형이 맞지 않는 듯하며 통일신라시대 작품으로 추정되며 보물 제65호로 지정되어 있다. 2004년 국립경주문화재연구소에서 주변을 정비하고 보존 처리하였다.

효현리 삼층석탑

이 탑이 있는 곳을 『동경잡기(東京雜記)』에는 애공사지(哀公寺址) 라 전하고 있다.

이중 기단 위에 세운 일반형 석탑으로, 높이 4.6m로 규모가 작은 편이며, 기단에는 기둥새김이 면마다 아래위 모두 3개씩이며, 지붕돌 층급받침은 4단으로 되어 있다.

현재 상륜부(相輪部)는 없어 지고, 통일신라 9세기 작품으로 추정된다. 1973년 해체 복원하였고 보물 제67호이다.

용명리사지 삼층석탑

이 석탑은 이중 기단 위에 3층의 탑신부(塔身部)를 구성하고 있는 일반형의 석탑이다.

탑신부의 몸돌과 지붕돌은 각 하나의 석재로 구성되었고 1943년 수리 당시 탑신부에서 청동불상 1구가 발견되었다. 상·하층 기단 석재의 구성과 상층기단 갑석(甲石), 지붕돌의 층급받침이 5단인 것으로 보아 8세기 중엽에 조성된 것으로 추정된다.

3층 지붕돌 상면에는 원형의 사리공(舍利孔)이 있고 높이는 5.7m이다. 2005년 5월 18일 상륜부(相輪部) 노반(露盤)을 찾아 복원했으며 보물 제908호로 지정되어 있다.

조양동 석탑

　이 탑은 조양동 속칭 복제 탑리 마을길로 접어들어 약 700m 들어가면 조양 천주교회가 있는 탑 거리 마을이 나오는데, 천주교회를 뒤로 돌아 150m 정도 가면 조양마을 쉼터에 있다.

　구전에 의하면 1930년대에 이 탑을 관리하였던 김경출(金慶出) 씨의 조부가 탑 옆에 큰 고목을 심어 관리하였는데, 하루는 고목이 우연히 꺾어지자 그날 관리자가 사망하므로 인근 주민이 탑과 나무에 영(靈)이 있다 하여 다시 탑 옆에 나무를 심었다고 전한다. 현재 탑의 기단석은 없고 탑신(塔身)만 남아 있으며 주변 절터에서 옮겨온 것으로 보인다.

마동사지 삼층석탑

 이 탑은 이중 기단 위에 3층으로 쌓은 전형적인 통일신라시대의 석탑으로, 높이는 5.4m이다. 몸돌과 지붕돌은 3층 모두 별석이며 지붕돌 층급받침은 각 층 모두 5단이고 반전이 심한 편이다. 아무런 장식이나 조식이 나타나지 않아서 소박하고 단정한 모습이다. 높이는 약 5m이고 상륜부(相輪部) 노반(露盤)까지 비교적 잘 남아 있다. 조각 수법으로 보아 8세기 후반에 조성된 것으로 추정되며 보물 제912호이다.

이 터에 얽힌 전설이 있는데, 불국사와 석굴암(石窟庵)을 처음 건립한 김대성(金大城)이 청년 시절 토함산(吐含山)에서 곰을 잡게 되었다. 꿈에 곰이 나타나 자기를 죽인 까닭을 물었다. 이에 대성이 잘못을 뉘우치고 곰을 위해 절을 짓고 명복을 빌겠다고 약속하였다. 그리하여 꿈을 꾸었던 자리에는 몽성사(夢成寺)를, 곰을 잡았던 곳에는 장수사(長壽寺)를 지었다. 그 절터 가운데 하나가 이곳이라고 전한다.

천군동 동·서 삼층석탑

　이 석탑의 주변은 절터로 1938년 일본인들의 발굴조사에 의해 중문(中門), 금당(金堂), 강당(講堂) 자리가 확인되었다. 절터는 통일신라시대의 쌍탑 1금당식이다. 앞에는 중문이 있고 그 안쪽 동서에 두 탑이 있으며 그 뒤로 금당터와 강당터가 자리하고 둘레에는 회랑터가 있다. 중문터는 앞면 3칸에 옆면 2칸이고, 금당은 앞면과 옆면이 각각 5칸 강당은 앞면 8칸에 옆면 3칸 규모였음이 밝혀졌고, 동·서 탑을 1939년에 다시 세워 보존하고 있다.

이중 기단 위에 세워진 일반형에 속하는 두 탑의 모습은 같으나 높이 7.7m인 서탑은 상륜부(相輪部)가 일부 남아 있고, 1967년 북쪽에서 다수의 전재(塼材)가 발견되었다. 상륜부가 없어진 동탑은 6.7m이다. 기단에는 면마다 네 개의 기둥새김이 있고, 몸체 돌과 지붕돌은 각각 돌 하나로 되어 있다.

　3층 몸돌 상부 중앙에 1변 24㎝ 깊이 15㎝의 사리공(舍利孔)이 있다. 장중한 느낌이며 지붕돌 층급 받침이 5단인 점으로 보아 8세기 후반에 건립된 것으로 추정된다. 보물 제168호로 지정되어 있다.

천군동 피막골 석탑재

경주 천군동 경주쓰레기매립장 부지 내에 있는 이 폐탑(廢塔)은 마을에서는 일명 피막골이라고 부르고 있다.

1층 몸돌과 기타 부재가 흩어진 상태로 있다. 몸돌에는 사면에 각 각 1구씩 입상으로 사천왕상(四天王像)이 조각되어 있는데, 전체적으로 마멸이 심하나 북방다문천왕(多聞天王)은 섬세하게 잘 남아 있다.

몸돌 상면에는 방형(方形)의 사리공(舍利孔)이 아닌 원형 사리공이
있어 주목되며, 사천왕상이 밟고 있는 구름무늬나 조각 수법으로 보
아 이 탑은 9세기 후반 석탑으로 추정된다. 일반인들이 쉽게 잘 찾
지 않는 곳에 있어 주변 정비가 필요하다.

사천왕상 조각

동천동 사방불 탑신석

 이 탑신석은 탑신부(塔身部)의 몸돌이었을 것으로 추정된다. 네 면에 조각된 불상은 좌상으로 각각 다른 손 모양을 하고 있지만, 두광(頭光)과 신광(身光)을 모두 갖추고 있다.

 네 면의 아래쪽에 앞으로 튀어나온 받침에 8개의 3겹 연꽃이 조각되어 있다. 불상 위쪽에는 지붕처럼 보이는데, 윗면에 8개의 3겹 연꽃이 조각되어 있다. 탑신석 윗면에는 위에 놓일 탑신 받침을 조각

하였다.

조각 수법으로 보아 통일신라시대의 작품으로 보이며, 지금까지 우리나라에서는 그 비슷한 예를 찾아볼 수 없는 특이한 모습이다.

1982년 발굴조사를 실시하여, 탑신석의 위치가 조금 옮겨져 있음을 알게 되었다. 1999년 주변을 공원으로 조성하였고, 경상북도 유형문화재 제95호이다.

황룡곡 황룡사지 탑재

경주에서 감포로 가는 길을 따라 약 20분쯤 달리다 보면 덕동댐이 나타나고 조금 더 가면 황룡동 사시목에 이른다. 도로변 황룡휴게소 이정표로 해서 북쪽계곡을 따라 좁은 산길로 2km 정도 올라가면 속칭 '절골'이라고 하는 계곡이 서북쪽으로 계속되고 있다. 계곡을 따라 조금만 올라가면 황룡사라고 하는 조그마한 절이 있다. 이곳 황룡사에서 보면 계곡 북쪽 산중턱에 대나무 숲과 함께 자연석으로 쌓은 석축이 보인다. 이 석축 위에는 폭이 좁고 동서로 긴 부지에 무너진 석탑 2기가 있다.

탑은 무너져서 하층기단 일부만 제자리에 남아 있고 깨어진 탑 몸돌, 지붕돌, 기단석 등 탑 부재들이 주위에 아무렇게나 나뒹굴어 있다. 이미 오래전에 탑이 무너진 것으로 보인다. 쌍탑은 대체로 보아 상륜부의 부재는 보이지 않고, 이중 기단을 깃춘 삼층석탑으로 보인다. 쌍탑터에서 서쪽으로 약 100m 지점에도 석탑 부재들이 남아 있는데, 통일신라시대의 전형적인 탑과는 전혀 다른 형태로서 기단 밖으로 탑 구석을 두고 지대석, 면석을 가진 기단에 탑 몸이 있고, 그 위에 지붕돌이 얹힌 3층탑으로 생각되나 정확한 형태는 알 수 없고,

탑 남쪽에 배례석이 있어서 탑의 정면이 남향이었음을 알 수 있다.

이 탑은 많은 부재들로 이루어져 있는 것이 특징인데, 지붕돌은 4개가 1조로 이루어져 있으며, 기단 북편에 2개, 동편에 8개 모두 10개가 기단 주위에 흩어져 있다. 부도로 추정되는 부재들도 일부 보인다.

장항리사지 서 오층석탑

현재 절 이름을 알 수 없는 장
항리 절터에 동·서로 2기가 남
아 있다. 동탑은 무너져 계곡에
뒹굴던 것을 1층 몸체 돌과 지붕
돌 다섯을 모아 놓았다. 서탑 역
시 파손된 것을 이중 기단 위에
9m의 5층 석탑으로 세워 복원해
놓았다. 현재 상륜부(相輪部)는
노반(露盤)만 남아 있다.

하층기단은 비교적 넓게 만들
어져 안정감이 있으며 1층 몸돌 4면에 도깨비(鬼面) 형태의 쇠고리
가 장식된 두 짝씩의 문을 조각하고 그 좌우에는 연화대좌 위에 서
있는 8구의 인왕상(仁王像)을 정교하게 새겨 놓았다. 지붕돌 층급받
침은 5단으로 조각 수법으로 보아 8세기의 작품으로 추정된다. 국보
제236호이다. 절터에 남아 있던 석조여래 입상은 현재 국립경주박물
관 야외에 옮겨져 있다.

오야리 삼층석탑

경주시 천북면 오야 2리 황학산 소광사에 있는 이 탑의 절 이름은 밝혀지지 않았다. 벽돌 탑을 모방한 3층의 석탑으로 높이는 약 2.5m 이다. 거대한 자연암반을 기단으로 삼아 윗면의 평평한 곳에 2개의 돌로 받침대를 놓고 몸돌을 올렸다.

1층 몸돌에는 모서리기둥을 새겼는데 남쪽 면에는 작은 감실(龕室)을 만들었다. 감실의 아래 받침돌의 윗면과 이맛돌의 아랫면에 각각 구멍이 있는 것으로 미루어 원래는 돌로 된 문이 있었던 것 같다. 4개의 돌을 짜 맞춘 1층 지붕돌은 아랫면에 1단, 윗면에 5단을 이루었다. 2층 몸돌에는 모서리기둥을 조각하였으며 파손이 심한 2층과 3층 지붕돌은 1개의 돌로 1층 지붕돌과 비슷한 모양을 이루고 있다.

3층 몸돌과 상륜부(相輪部)는 없어졌는데, 3층 지붕돌 윗면에 지름 20㎝, 깊이 10㎝ 정도의 구멍이 찰주공으로 보인다.

이 탑은 양식으로 보아 통일신라시대에 만들어진 것으로 추정되며, 주변에는 석등의 화사석과 지붕돌이 있다. 경상북도 문화재자료 제93호로 지정되어 있다.

나원리 오층석탑

경주시 현곡면 나원리에 있는 이 탑은 이중 기단 위에 세운 오층석탑으로, 높이는 9m이다. 옛 절의 금당 자리 뒤쪽에 세워진 것으로 보인다. 아래 기단에는 면마다 기둥새김이 다섯이 있고, 위 기단에는 기둥새김이 넷씩 있다. 1층 몸체는 돌 넷으로 짜 맞추었으며 1·2층 지붕돌은 처마 받침돌과 지붕 윗돌이 별개이고, 2층 몸체 돌과 3층 위로는 몸체 돌 하나에 지붕돌 하나씩이다. 상륜부(相輪部)는 노반(露盤)이 남아 있으며 1996년 3월 15일 해체할 때 3층 지붕돌 윗면 사리공에서 사리함이 나왔다.

사리함 내에는 금동불 입상 1구, 금동의 삼층석탑 1기, 9층탑 3기가 발견되었다. 탑의 구조와 조각 수법으로 보아 8세기경에 세워진 것으로 추정된다. 신라 8괴(八怪)의 하나로 일명 나원백탑(羅原白塔)이라고도 불린다. 감은사지(感恩寺址) 삼층석탑·고선사지(高仙寺址) 삼층석탑 다음가는 석탑으로 평가되는 중요한 탑으로 국보 제39호로 지정되어 있다.

남사리사지 삼층석탑

경주시 현곡면 남사리에 있는 이 탑은 이중 기단 위에 3층으로 몸돌을 쌓아올려 전형적인 신라 석탑 양식을 보여 준다.

아래위 기단의 면마다 기둥 모양 셋이 새겨졌고, 몸체 돌·지붕돌은 각각 돌 하나로 되어 있다. 옥개석 층급받침은 각 4단이고 상륜부(相輪部)는 노반(露盤)만 남아 있다. 현재 탑의 높이는 4m이다.

기단부에 비하여 몸체 돌의 형식이 다소 섬약한 감이 없지 않으나 각부의 양식적 수법으로 보아 9세기 말기의 석탑으로 추정된다.

추녀 끝이 살짝 들려 경쾌한 느낌을 주고, 각 부분의 비례가 조화를 이루고 있다. 석탑 주위로는 사지의 흔적으로 보이는 기단 석재들과 편평한 대지가 있으며 통일신라시대 와편들이 주위에 흩어져 있다. 1975년도에 보수·복원되었으며 이때 상층기단 북쪽의 중석(中石)이 새로 보충되었다. 보물 제907호로 지정되어 있다.

남사리 북 삼층석탑

경주시 현곡면 남사 2리 도로변에 있는 이 탑은 1973년 경주경찰서 신청사를 준공할 때 기단부만 남겨두고 지붕돌 3개를 경찰서 정원에 옮겨 보존하다가 그 후 이 마을 주민들의 꾸준한 요청에 의하여 1995년 원래의 위치인 이곳으로 옮겨 세워지고 명칭도 동부동 삼층석탑에서 지금의 이름으로 바꾸었다.

기단은 원래의 돌과 같은 크기로 새로 만들었으며, 그 위에 3층으로 몸돌과 지붕돌을 올렸다. 탑을 다시 세우고 남은 원래의 돌들은 탑 서쪽에 그대로 보존하고 있어 원래의 모습을 보다 확실히 알 수 있다. 경상북도 문화재자료 제7호이다.

정혜사지 십삼층석탑

경주시 안강읍 옥산리에 있는 이 석탑은 13층으로 세워져 있는데, 탑의 1층 몸체에는 모서리기둥이 있고 중앙에는 감실(龕室)을 만들었다. 양식이나 조형적인 수법이 우리나라에서 유일하게 독특한 수법을 취하고 있어 다른 곳에서 찾아보기 힘들다.

기하학적인 곡선미가 매력을 주는 이 석탑은 층급 받침이 3단으로 약화되어 있고 목조건축 구조를 그대로 나타내고 있다. 상륜부에는 노반만 남아 있다. 1922년 일본인에 의해 수리된 것이라 하는데 보수 내용은 알 수가 없다. 1997

년 감실 부분이 일부 도괴되어 보수하였고, 석탑 주변에는 주춧돌과 기왓장들이 흩어져 있는데, 정혜사지라 전한다. 9세기 이후에 만든 것으로 추정되며 국보 제40호로 지정되어 있다. 2007년 주변을 정비하였다.

안강 두류리 삼층석탑

경주시 안강읍 두류리에 있으며, 원광법사(圓光法師, ?~630)의 부도로 알려져 있다. 무너져 있던 것을 현재 삼층석탑으로 복원해 놓았다.

1층 몸돌 4면에는 4각형의 문틀을 새기고 파내어 감실(龕室)을 만들고 그 안에 앉아 있는 불상을 돋을새김하였다. 각 면의 불상은 비슷한 모양이나 손 모양은 모두가 다르다. 남쪽 면은 항마촉지인, 동쪽 면은 약사여래, 북쪽 면은 아미타여래 인을 하고, 서쪽 면은 마모가 심하여 알 수 없으며, 모두 복련 연화대좌 위에 결가부좌하여 앉아 있다. 경상북도 문화재자료 제97호로 지정되어 있다.

원광법사는 속성(俗姓)이 박씨(朴氏) 또는 설씨(薛氏)로 80세 혹은 99세를 살았다고 한다. 13세에 출가하여 승려가 되었다. 화랑도의 생활신조가 된 세속오계(世俗五戒)를 지어 주고, 수(隋)나라에 보낸 걸사표(乞師表)를 지어 불교사상뿐만 아니라 문장에도 능하였다.

　　신라　진평왕(眞平王)　52년(630)에　황룡사(皇龍寺)에서　돌아가시자
명활산(明活山)에　장사　지내고　삼기산(三岐山)　아래　금곡사에　부도를
세웠다고　하는　기록이　『삼국유사(三國遺事)』에　전한다.

경주지역의 불상

노서동 석불입상

이 석불은 경주 시외버스터미널에서 가까운 곳에 위치해 있으며 삼랑사(三郎寺) 남쪽 남항사(南巷寺)터에 있었던 것으로 추정된다.

신라 효소왕 때 삼랑사 주지 경흥(憬興)이 병이 들었는데, 한 여승이 11가지 보살 모습으로 나타나 해학적인 춤을 추는 것을 보고 병이 낫게 되었다고 한다. 그 여승이 사라진 곳이 남항사로 전해진다. 불상은 얼굴이 파손되어 알아볼 수 없으며, 두광이 표현되어 있고 가는 허리와 당당한 어깨, 광배(光背) 그리고 옷 주름의 모양 등 조각 수법으로 보아 통일신라 9세기 후반의 전형적인 석불임을 알 수 있다. 경상북도 문화재자료 제11호로 지정되어 있다.

동천동 마애불

　경주시 동천동 도량사지(道場寺址)로 추정되는 곳에 있는 마애불은 1979년에 발견되었으며, 1986년에 문화재연구소 경주 고적발굴조사단에서 조사를 실시하였다.

　이 마애불은 남향의 자연 암벽에 조각되었는데, 상반신만 노출된 상태이며 피모(被帽)를 쓰고 있는 지장보살상으로 보인다.

　옷 무늬, 손 모양(手印) 등 전체적으로 명확하지 않으나, 낭산 마애삼존불의 본존불과 같이 모자를 쓰고 있어 주목되며, 노출된 불상의 크기는 넓이 56㎝, 높이 62㎝이며, 불상의 양식으로 보아 통일신라 말 고려 초에 제작된 것으로 추정된다.

낭산 마애삼존불

 이 불상은 낭산 기슭 서쪽에 있으며, 본존은 지장보살로 추정되는데, 결가부좌에 두광(頭光), 신광(身光)을 지녔고 머리 부분의 두건(頭巾)은 넓고 길게 늘어져 어깨부분을 덮는다. 대체로 법의는 통견(通肩)으로 보이며 두 손의 자세는 불분명하나 앞가슴으로 이어졌거나 아니면 복부에 놓였을 것으로 짐작된다. 특히 머리에는 두건(頭巾)을 쓰고 있어 마치 고려불화(佛畫)에 보이고 있는 피모지장보살(被帽地藏菩薩)의 모습을 하고 있어 이러한 양식의 앞선 예로 여겨지고 있다.

 왼쪽협시(左脇侍)의 신장(身將)은 암벽이 세로로 갈라져 파괴가 심한 편이며 갑옷을 입고 있으며, 오른손에 칼과 같은 막대기를 짚고 있는 것으로 판단된다. 측면관의 얼굴 모습을 정확하게 묘사하였고 갑옷에 나타난 여러 특징적 모습은 팔부중상(八部衆像) 등에서 확인된 문양과 같다. 두 발은 유희좌(遊喜座)의 형식을 취한 것으로 보인다.

　　오른쪽협시(右脇侍)의 신장상은 가장 상태가 양호한 편이며 조각
역시 뚜렷하다. 자세는 왼쪽협시와 동일하나 칼을 쥔 모습은 좌협시
가 짚고 있음에 비하여 오른쪽협시는 오른손으로 쥐고서 전방을 향
하고 있음이 다르다. 유희좌의 모습이나 기타 갑옷의 형태 역시 좌
상(左像)과 동일하며 다만 얼굴 모습이 더욱 뚜렷하여 그 표정을 읽
을 수 있다. 자세는 역시 왼쪽의 본존을 향하고 있다. 조성 시기에
대해서는 대체적으로 통일신라 하대인 9세기경으로 추정되나 고려
초기로 보는 견해도 있다. 삼존불이 모셔져 있는 석질의 결이 많이
파괴되어 불상의 양식 파악에 어려움이 많다. 보살상과 신장상을 배
치한 예는 드물며, 보물 제665호로 지정되어 있다. 현재 주변에는 중
생사(衆生寺)란 사찰이 있다.

낭산 석조관음보살입상

　이 석불은 총 높이가 약 220㎝에 달하는 대형 보살상으로서 일제 강점기에 반출되는 도중에 적발되어 국내에 남게 된 것이다. 이전에는 불상의 머리 부분만 국립경주박물관에 소장되고 아랫부분은 중생사(衆生寺)의 대웅전(大雄殿) 서쪽 약 100m 되는 지점의 땅속에 파묻혀 있었는데, 1997년 4월 26일 국립경주박물관은 밭에 묻힌 몸을 다시 발굴하여 온몸을 드러내고 경주박물관에 있던 머리 부분과 결합했다.

　보살상(菩薩像)은 목에 삼도(三道)가 있고 천의를 걸치고 있으며, 오른손은 가슴 앞에 머물렀고 왼손에는 정병(淨甁)을 잡고 있다. 자세는 정면에서 왼쪽으로 약간 틀어 율동감을 나타내었고 천의 허리 부분과 무릎 부분에서 두텁고 넓게 U자를 형성한다. 여러 가닥으로 드리워진 법의는 더욱 복잡하면서도 탄력이 흘러넘친다. 우수한 조각 수법으로 보아 8세기 작품으로 추정된다.

낭산 십일면관음보살입상

현재 이 석조 보살입상은 국립경주 박물관 미술관에 있으며, 현 중생사지 근처에서 발견된 것이다. 조선 총독부가 발행한 『조선고적도보』에 실린 사진에서 확인되는데, 당시에는 삼존불 형식으로 지금 남아 있는 이 보살상은 오른쪽 협시 보살상으로 보인다.

현재 대좌와 광배는 없으며, 왼쪽 어깨 부분은 보수하였다. 목 부분과 아랫부분이 단절된 것을 복원해 놓았다. 머리에는 보관을 쓰고 보관 상부에는 정면과 좌우 그리고 뒷부분에 11구의 화불을 나타내었다. 보관 아래에는 보발(寶髮)이 굴곡을 그리면서 이마와 귀에 길게 걸쳐져 있다. 얼굴은 고전적인 요소가 일부 보이며 목에는 삼도가 표현되어 있다. 오른손은 가슴에 대었고, 왼손은 복원되었는데 약병을 들고 있다. 목에서부터 타고 내린 영락의 장엄은 부드럽게 교차되어 두 다리 아래로 길게 U자형을 그리면서 드리우고 있다. 두 발은 복원하였고 전체적인 조각 수법으로 보아 8세기에 작품으로 추정된다.

신평리 비로자나불
毘盧遮那佛

경주시 건천읍 신평 2리 원
신마을 마을회관 앞에 있었으
나 2006년 11월 27일 도난당
해 현재는 없다. 원래 이 불상
은 머리가 결실된 파불(破佛)
이었다. 법의(法衣)는 통견으
로 좌상이며, 양손은 마멸이
심하나 손 모양(手印)으로 보
아 비로자나불이다. 전체적인
조각 수법으로 보아 통일신라
후기의 불상으로 추정된다.

2006년 11월 도난당하고 현장에 없다.

화천리 석불좌상

이 석불좌상은 건천읍 화천 1리 후평마을 박씨 정사(재실) 앞마당에 있다. 파불(破佛)로서 현재 불두는 결실되고 옷 주름은 판별할 수 없는 상태이다. 항마촉지의 수인을 갖고 결가부좌하고 있으며, 아랫부분은 묻혀 있다. 조성 시기는 통일신라시대 후기로 추정된다.

심원사 석불좌상

경주시 서면 심곡리 심원사에 있으며, 머리가 결실된 석조 파불이다. 기존에는 보살상으로 알려져 왔으나 현장을 직접 확인해 보니 마멸은 심하나 두 손은 지권인을 한 비로자나불이좌상이다.

단석산 신선사 마애불상군

신선사 바로 옆에 있는 마애불상군은 국보 제199호로 1969년 한국일보사가 주관한 신라오악 조사단이 바위에 새겨진 명문을 분석하여 석굴의 본래 이름이 신선사였음을 밝혀냈으며 1994년에 유리돔을 설치하여 현재 보호하고 있다. 높이 30m의 거대한 암석이 ㄷ자형으로 솟아 석실을 형성하고 있으나, 원래는 여기서 인공적인 지붕을 덮은 석굴법당을 만들었는데 아마도 신라 최초의 석굴사원이다.

석굴의 바위 면에 모두 1구의 불·보살상을 새기고 있다. 서쪽으로 트인 곳이 입구였는데 이곳으로 들어서서 왼쪽이 되는 북쪽 바위에 삼존 불상이 동쪽을 가리키고 있어 본존불로 인도하는 독특한 자세를 보여 준다. 남쪽 바위 면 보살상 안쪽에 새겨진 30행 약 200여 자의 명문(銘文) 중 '신선사작미륵석상(神仙寺作彌勒石像)'을 통해 이곳이 신선사(神

仙寺)였고, 본존불이 미륵 장륙상(彌勒 丈六像)인 것으로 밝혀졌다.

본존 미륵불은 둥근 동안적 얼굴에 U자형 모양을 이루는 법의(法衣) 안에 내의를 묶은 띠 매듭 등 배리석불입상(보물 제63호)과의 양식적 연관이 있으며, 목의 삼도(三道)는 나타나지 않으며 수인(手印)은 시무외인(施無畏印)과 여원인(與願印)을 맺고 있는 통인(通印)을 하고 있다. 아랫몸의 옷 주름은 크게 반원을 그리면서 흘러내렸으며 약 7미터에 이르는 거대한 미륵불로 발가락까지 선명하게 표현되어 있다. 이 안쪽에 반가사유상이 얕은 돋을새김으로 새겨져 있는데 정면을 한 상으로 갸름한 얼굴에 머리에는 삼산 보관(三山寶冠)을 썼고 원형의 두광을 갖추고 있으며, 연꽃무늬의 높고 둥근 대좌를 갖추고 있는 등 삼국시대 반가사유상 연구에 귀중한 자료이며, 이 반가사유상은 삼국시대 유행한 양식이나 마애불에 새겨진 경우는 드문 예이다. 이 밑으로는 법선 같은 모자를 쓰고 공양을 올리는 공양상(供養像) 2구가 있는데, 동쪽으로 걸어가는 모습으로 있다. 이 두상은 향로와 나뭇가지 모양을 붙들고 있고 의관은 고대 신라의 복식에 관한 모습이라고 할 수 있어 신라인의 모습을 아는 데 중요한 자료가 되고 있다. 또 그 아래로 작은 입상 1구가 새겨져 있다. 동쪽과 남쪽의 바위 면에는 마멸로 희미해진 선각 마애보살상 1구씩 새겨져 있어 본존불과 함께 삼존불로 배치된 것 같다. 그 외 동쪽 바위의 보살입상은 서쪽을 바라보고 있는 거대한 상으로 마멸이 심하나 오른손으로 보병을 들고 왼손은 가슴에 올린 듯하다. 조각 수법으로 보아 조성 연대는 6세기 말 7세기 전반기로 추정된다.

방내리 마애불

이 마애불은 건천읍 방내리 단석산 정상부에서 북쪽으로 1km 떨어져 위치하며, 동쪽으로 1km 떨어진 곳에 방내리사지가 위치해 있다.

마애불이 위치하는 곳의 앞으로는 시대를 알

수 없는 암자터가 남아 있으며 마애불은 상제암 마애불로도 불린다. 암벽에 양각되어 있는 좌불로 높이는 6m 정도 된다. 상호는 양호한 편이며, 조각 수법으로 보아 시대는 통일신라 말기에서 고려 초기로 추정된다.

동천동 선각 마애불입상

경주시 동천동에 있는 석탈해왕릉과 숭신전 뒤쪽 50여 미터 지점에 위치하고 있으며, 2004년 1월 19일 발견되었다.

불상은 긴 타원형 신광(身光)에 둥근 두광(頭光)을 구비하고 연꽃 대좌를 딛고 서 있는 형태이다. 불의 (佛衣)는 양어깨를 다 덮은 통견의(通肩衣)로 U자형 옷 주름이 가슴으로부터 하복부에 이르기까지 층계를 이루며 늘어져 있고, 어깨를 걸쳐 내린 대의(大衣) 자락은 하반부에 이르러 좌우 대칭되게 날개깃처럼 벌려져 있다. 마멸이 심해 확인이 어려운 부분이 있으나 조각 수법으로 보아서 통일신라 후기의 불상으로 추정된다.

서부동 석불좌상

　현재 국립경주박물관 야외에 전시되어 있는 이 석불은 서부동 사방관리소 정원에 있었다. 불상이 언제 어디서 옮겨왔는지 알 수 없으나 일제강점기 사방관리소 자리에 서경사(西慶寺)라는 절이 있었다고 한다. 머리는 없지만 형태가 완전한 편이며, 양발을 무릎 위에 올려 발바닥이 하늘을 향한 자세로 앉아 있는 모습이다. 손 모양(手印)은 항마촉지인(降魔觸地印)으로 손에는 둥근 것을 들고 있어 약사여래불로 보인다. 조성 연대는 9세기 후반으로 추정된다. 경상북도 문화재자료 제12호로 지정되어 있다.

영지 석불좌상

불국사역을 지나 울산 가는 길
가 영지 남쪽에 있는 이 석불은
얼굴 모습을 알아볼 수 없을 정
도로 마멸이 심하다. 불국사(佛國
寺) 석가탑(釋迦塔)을 건립할 당
시 아사달을 찾아온 아사녀가 남
편을 기다리다 영지에 몸을 던져
죽은 후 아사달이 그녀를 위해
조성하였다고 전한다.

광배(光背)와 대좌(臺座)를 완전
히 갖추었지만 많은 부분에 손상
이 있나. 건장한 신체와 허리, 양
감 있는 무릎 표현 등에서 통일

신라 후기 석불양식을 잘 나타내고 있다. 법의는 오른쪽 어깨를 드
러낸 우견편단(右肩偏袒)이며, 수인은 항마촉지인(降魔觸地印)을 하
고, 결가부좌한 좌상이다.

상·중·하대의 형식을 갖춘 팔각 연화대좌에는 쌍잎으로 된 앙련(仰蓮)의 연꽃무늬와 안상(眼象)이 새겨져 있으며, 불신(佛身)과 한 돌인 광배에는 번잡한 불꽃무늬(火焰文) 안에 화불(化佛)이 화려하게 새겨져 있다. 조성 연대는 조각 수법으로 보아 9세기 초로 추정된다. 경상북도유형문화재 제204호로 지정되어 있다.

활성리 석불입상

경주시 외동읍 활성리에 있는 이 불상은 원래 노천에 있던 것을 현재는 연지암 대웅전에 모시고 있다. 마을에서는 미륵불로 불리며, 광배(光背)는 배 모양(舟形)이고, 앞면에 돋을새김으로 조각한 여래입상은 얼굴이 심하게 마모되어 근래에 다시 만들었으나 상호는 8~9세기 신라 전성기의 모습을 잘 간직하고 있다.

광배는 머리 둘레에 이중으로 선을 돌린 두광(頭光)과 몸 둘레에 역시 이중으로 선을 돌린 신광(身光)을 표현하였는데 그 밖으로는 화려한 불꽃무늬를 조각하였다. 불상의 머리에는 나선형 머리카락을 표현하였고 귀는 길게 표현하였으며 짧은 목에는 삼도(三道)를 조각하였다. 옷은 목에 테를 두르고 양쪽 어깨에 걸치는(通肩衣) 모습을 하였는데 허리까지는 반원형으로 하고 그 아래에서는 Y자형으로 갈라시고 있다. 양다리에는 타원형으로 옷 수름을 표현하였고 양팔에 걸쳐진 옷 주름은 상당히 굵고 두텁게 조각하였다. 왼손은 들어 올려 약그릇과 같은 것을 들었으며, 오른손도 배에 들어 올려 둘째손가락은 펴고 나머지 손가락은 서로 붙여 밖을 향하였다. 다리 아랫부분부터 그 아래는 확인할 수 없게 되어 있다.

법상종(法相宗) 계통의 미술의 특징인 서역풍의 조각양식을 보이는데 전체적인 조각 수법은 감산사 아미타여래입상과 미륵보살입상과 같은 계통이나 제작 연대는 통일신라 하대 9세기 후반의 작품으로 추정된다. 경상북도 문화재자료 제96호로 지정되어 있다.

어느 날 한 보살이 밭 가운데서 목탁소리가 들려오는 꿈을 꾸고 직접 가서 파보니 이 석불이 나왔고, 보살의 이름을 따서 절 이름을 지었다는 전설이 전해진다.

장항리사지 석불입상

경주시 양북면 장항리 절터에서 현재는 국립경주박물관으로 옮겨져 있으며 얼굴과 상반신, 광배의 일부분만 남아 있으며, 팔각 대좌는 현재 불상이 옮겨진 절터에 남아 있다.

머리와 둥근 육계는 나발(螺髮)로 표현되었고 얼굴은 근엄한 표정이다. 법의는 통견(通肩)으로 몸체의 굴곡 있는 윤곽선이 그대로 드러나며, 가슴 앞에는 커다란 U자형의 옷 주름이 늘어져 있고 두 다리 위에서 주름이 살라신 섯으로 추측된다. 왼손은 파손되어 손 모양을 알 수 없지만 아래로 늘어뜨린 듯하며 오른손은 구부린

채 가슴 앞에 붙이고 있다.

배 모양의 거신광배(擧身光背)는 2줄의 굵은 선으로 두광(頭光)과 신광(身光)을 구분하고 그 위에 연화좌에 앉아 있는 작은 화불(化佛)을 각각 배치했으며, 가장자리에는 불꽃무늬를 장식했다. 비록 손상된 부분이 많아 전체적인 양식이나 형식을 확실하게 알 수 없지만 근엄한 얼굴 표정이나 볼륨감을 강조한 신체표현 등 사실적인 조각 수법으로 보아 8세기 중엽의 작품으로 추정되며 4m가 훨씬 넘는 대불(大佛)이었을 것으로 추정하고 있다. 2009년 6월부터 해체 보존 처리하여 표면의 오염물을 제거하고 2010년 5월 새로 본래 모습을 찾아 전시하고 있다.

백운대 마애불입상

경주시 내남면 명계리 마석산(磨石山) 용문사(龍門寺)에 있는 이 불상은 거대한 바위 면을 광배(光背)의 형태로 거칠게 파내어 새겼다. 커다란 얼굴에 소발의 머리 위에 크고 둥근 육계가 있으며, 도식적인 형태의 두 귀는 길게 늘어져 있다. 옷은 새기지 않았으며 미완성인 채로 조각되어 있다. 무표정한 둥근 얼굴에는 반개한 눈, 눈썹에서 이어져 내려온 큰 코, 굳게 다문 입술 등이 뚜렷하게 새겨져 있다.

목에는 굵은 삼도(三道)가 있으며, 통견(通肩)으로 걸쳐진 듯한 법의(法衣)는 단지 왼쪽 팔목에 3가닥의 층계 주름만을 나타내고 있을 뿐 미완성이다. 수인(手印)은 시무외인(施無畏印), 여원인(與願印)이며, 어깨,

가는 허리 등에서 풍만한 신체를 표현하려고 했으며 신체의 모습 등 조각 수법으로 보아 통일신라 후기 작품으로 추정된다. 이 불상은 높이가 4.6m로 통일신라시대에 널리 사용되던 당척(唐尺)으로 환산하면 약 16자에 해당하므로 장육불상(丈六佛像)으로 추정된다. 경상북도 유형문화재 제206호로 지정되어 있다.

서악동 마애여래삼존입상

경주 선도산 정상 가까이의 큰 암벽에 높이 7m나 되는 거구의 아미타여래입상을 본존불로 하여, 왼쪽에 관음보살상을, 오른쪽에 대세지보살상을 조각한 7세기 중엽의 삼존불상이다.

중앙의 아미타여래입상은 손상을 많이 입고 있는데, 머리는 완전히 없어졌고 얼굴도 눈 있는 부분까지 파손되었다. 그러나 남아 있는 뺨, 턱, 종긋한 입의 표현은 부처의 자비와 의지를 실감나게 보여주고 있다. 넓은 어깨로부터 내려오는 웅장한 체구는 신체의 굴곡을 표현하지 않고 있어 원통형으로 보이지만, 여기에는 범할 수 없는 힘과 위엄이 넘치고 있다. 양어깨를 감싸고 있는 옷은 묵직해 보이며, 앞면에 U자형의 무늬만 성글게 표현하였다.

왼쪽의 보살은 보관(寶冠)에 화불(化佛)이 새겨져 있는 관음보살로 본존불에 비해 신체는 섬세하며 몸의 굴곡도 비교적 잘 나타나 있으며 손에 정병(淨甁)을 들고 있다.

오른쪽 대세지보살은 얼굴과 손의 모양만 다를 뿐 모든 면에서 관음보살과 동일하다. 사각형의 얼굴에 눈을 바로 뜨고 있어서 남성적인 힘을 강하게 풍기고 있다. 이 삼존불은 삼국시대에서 통일신라 불상 조각으로 이어지는 과도기의 작품으로 보물 제62호이다.

두대리 마애여래삼존입상

경주시 율동 두대리 마을에 있으며 불상 앞쪽에 성주암이라는 암자가 있다. 벽도산의 서쪽을 향한 바위에 조각한 마애불(磨崖佛)이다. 이 불상은 통일신라시대의 대표적인 작품으로 아미타불을 가운데에 새기고, 양쪽에 관음보살상과 대세지보살상을 새겼다.

아미타불의 머리는 아주 큼직하며, 정수리 부근에는 육계가 낮게 있어 모자를 쓴 듯한데, 이는 굴불사지의 석불상과 같은 양식이다. 얼굴은 볼에 살이 올라서 매우 풍만하게 보이며 미소가 남아 있다. 어깨는 넓고 반듯하며 양어깨를 감싸고 있는 옷은 얇게 표현되어 몸의 굴곡을 잘 드러낸다. 오른손은 내리고 있고 왼손은 가슴에 들어 엄지와 가운데 손가락을 맞대고 있어서, 이 불상이 아미타불을 형상화한 것임을 알 수 있다. 발은 앞으로 내민 것이 아니라 독특하게 옆으로 반듯하게 벌리고 있다. 왼쪽의 보살은 풍만한 본존상에 비해 날씬한 여성미를 강조하고 있다. 몸의 굴곡이 여실히 드러나 있으며, 발은 역시 옆으로 벌리고 있다. 오른손은 어깨 위에까지 들어 엄지와 가운데 손가락을 맞대고 왼손에는 보병(寶瓶)을 들고 있다. 이러한 손 모양을 통해 아미타불의 협시보살인 관음보살임을 알 수 있다. 오른쪽의 보살상 또한 비슷한 모습을 하고 있는데 또 다른 협시보살인 대세지보살이다.

이 불상들의 머리 뒤에는 모두 둥근 선으로 두광이 표현되어 있으며 조각 수법으로 보아 8세기 후반 작품으로 추정된다. 보물 제122호로 지정되어 있다.

벽도산 석불입상

경주시 율동 벽도산(碧桃山) 경사
가 가파른 동쪽 능선에 있다. 전체
적으로 오랜 세월 동안 닳아서 세부
표현은 알아보기 어렵다.

머리에는 육계가 솟아 있으며, 목
에는 삼도(三道)가 표현되어 있다. 옷
은 양어깨를 감싸 입고 있으며 신
체 전반에 걸쳐 U자형 옷자락이 흘
러내리고 있다. 조각 수법으로 보아
통일신라 9세기 이후에 만들어졌을
것으로 추정되며, 불상의 높이 210㎝,
키는 150㎝이다. 경상북도 문화재자료 제5호로 지정되어 있다. 일반
인들은 찾아가기가 어려운 편인데 안내자와 같이 동행하거나 율동
마을회관에 문의하여 찾아가면 된다. 마을회관에서 곧바로 올라간
뒤에 마지막 맨 끝 집을 지나 산으로 급경사 길을 접어들어 약 20분
정도 걸어 올라가면 산 중턱에 위치해 있다.

율동(栗洞)마애 열반상(涅槃像)

   이 불상은 1999년 2월 7일 발견 조사되었다. 불상은 경주 나들목에서 서남쪽으로 약 900m 떨어진 율동(栗洞) 마을 뒷산 해발 125m 지점에 있으며, 가로 3.56m, 세로 4.5m 규모의 화강석에 조각된 몸 길이 1.8m, 불두길이 42㎝, 얼굴 폭 25㎝ 크기이다.

   마애불은 7m 높이의 바위 아래쪽 북면에 조각되어 있으며 이 바위의 동면에는 선각마애불두가 있고 그 아래쪽 서면에는 30자가량의 명문(銘文)이 음각(陰刻)되어 있다.

불상의 얼굴과 왼쪽 손, 양발 등은 마멸이 심하나 보이는 상태이고, 나머지 부분은 알아보기 어려운 상태이다.

불두는 선각에 가까운 저부조의 조각으로 두 눈은 살며시 감은 듯 가는 선으로 표현하였고, 왼쪽의 귀는 뚜렷하나 오른쪽의 귀는 희미한 흔적만이 보일 뿐이다. 전체적인 얼굴의 느낌은 꼭 다문 입술과 감은 두 눈 때문에 무표정한 느낌이다. 왼손은 손 부분만 아랫배 위에 살짝 얹은 듯한 형태이고, 발 부분은 옆으로 포개어지지 않고 나란히 놓은 듯하다.

오른쪽 옆구리를 아래로 향하여 누운 열반상 또는 휴식을 취하는 와불의 형태를 취하고 있다. 통일신라 말, 고려 초기 불상으로 추정되며, 우리나라에서 처음으로 발견된 마애열반상이라 주목되며 주변 바위에는 선각 마애 불두가 있다.

안강 근계리 석불좌상

이 불상은 현재 용화사(龍華寺) 대웅전에 모셔져 있으며, 소발(素髮)의 머리에 육계가 있고 얼굴에 길고 큰 눈, 적당한 코와 귀, 길게 다문 입 등에서 위엄이 느껴진다. 우람한 어깨에 당당한 체구로 항마촉지인(降魔觸地印)을 한 채 결가부좌를 하고 있다.

목에는 삼도(三道)가 있고, 법의는 우견편단(右肩偏袒)에 옷 주름은 단순하게 선으로 표현하고 있다. 머리와 왼손은 없어진 것을 후대에 보수하였으며 조각 수법으로 보아 통일신라 후기 불상으로 추정된다. 2004년 개금불사 하였다.

대좌는 제짝인지 알 수는 없으나, 중대석 간주(間柱) 좌·우면에 합장한 공양상(供養像)이 부각되어 있으며 전체적으로 마멸이 심하다.

안강 근계리 입불상

　이 불상은 용운사(龍雲寺) 용화전에 모셔져 있다. 현재 얼굴 부분과 광배(光背) 일부는 후대에 보완하였다.

　평평한 소발(素髮)의 머리와 긴 얼굴에 크게 뜬 눈, 삼각진 코, 작은 입, 짧은 귀 이상한 인상을 준다. 손 모양이 특이하며, 약사여래상으로 추정된다. 이 불상에서 특징적인 것은 광배(光背) 뒷면에 3층탑이 조각되어 있는데 여기에는 1층 몸돌(屋身) 가운데에 양각한 석불좌상이 새겨져 있어 주목된다. 조각 수법으로 보아 통일신라시대 9세기 후반에 만들어진 것으로 추정된다. 　경상북도 문화재자료　제98호로 지정되어 있다.

안강리 석불좌상

　　이 불상은 안강 문화회관에 있으며 불두(佛頭)는 사라지고 무릎
일부, 가슴 일부, 손 부분 등이 파손되었다. 마멸은 심하며 손모양은
오른손은 배 앞에, 왼손은 가슴에 올리고 있으며 결가부좌를 하고
있다. 법의는 우견편단이며 앞가슴에 군의가 보인다. 조가 수법으로
보아 통일신라시대 후기의 작품으로 추정된다.

안강 산대리 미륵불상

이 불상은 신라 아달라왕 때 공수자(公輸子)에 의해 조각되었다고 전하는 불상으로, 호계사지(虎溪寺址) 서편 산대1리 우방 아파트 뒷마을 산기슭에 작은 구조물 안에 안치되어 있다. 2001년 11월 17일 도난당해서 현재 2007년 4월 5일 새로 만든 불상을 모시고 있다.

이 불상은 소원을 빌면 효험이 있다고 소문나 있으며 둥근 머리는 소발이며 귀는 길고 얼굴은 둥글다. 오른팔은 굽혀 손바닥을 편 채 가슴에 얹었으며, 왼손은 아래로 내리고 있다.

가사는 통견이고 오른팔을 거쳐 흐르는 주름이 배 앞에서 U자 무늬를 그렸다. 광배는 몸체와 한 돌로 만들어졌으며 마을에서는 미륵불로 모시고 있다.

안계리 석조 석가여래좌상

강동면 안계리 사골(寺谷) 마을에 있는 이 불상은 1999년 위덕대학교 박물관에서 주변 조사를 통해 안계사(安溪寺)라는 글씨가 새겨진 기와를 발견하면서 막연히 안계리라는 동네 이름이 절 이름에서 연유되었다는 사실을 알게 되었다.

우견편단에 항마촉지인(降魔觸地印)의 손 모양을 하고 있으며 삼도(三道)는 뚜렷하다. 무릎 부분은 다소 낮은 편이다. 전반적으로 균형이 잘 잡힌 몸매와 조각 수법으로 보아 8세기 후반에서 9세기 초의 작품으로 추정된다.

2002년 3월 일대가 발굴, 조사되었는데 주변에서 대좌의 하대와 지대석이 발견되었고 9세기로 추정되는 소형의 금동불 2구도 발견되었다. 2004년 8월 2일 화재로 하단 부분에 금이 가고 오른쪽 부분에서 발목까지 금이 가서 여러 차례 보존처리와 보수를 거쳤고 복원되면서 중대석은 새로 보강되었다. 주변에 있는 네모난 대좌의 앞면에는 보살 공양상이 부조로 조각되어 있고, 좌우 옆면과 뒷면에는 사자상과 삼층석탑을 역시 부조로 묘사하고 있어 주목된다. 경상북도 문화재자료 제92호로 지정되어 있다.

단구리 석불좌상

경주시 강동면 단구리 대명공원 공원묘지 관리사업소 앞에 있다. 언제부터 이곳에 있었는지 어디서 옮겨진 것인지는 알 수 없다.

현재 많은 부분이 파손되어 보수하였는데, 머리, 양팔, 어깨, 왼쪽 무릎 등 신체 몸만 제외하고는 다 예전 것이 아니다. 왼손에는 약사불인 듯 둥근 돌을 손에 얹고 있다. 불상 뒷면에 새겨진 옷 주름 표현 기법으로 보아 통일신라 후기 불상으로 추정된다.

냉천리 석불입상

경주시 외동읍 냉천 2리 새터마을 맞은편에 위치해 있으며 주변은 논밭으로 절터로 추정된다. 불상은 현재 절반 정도 몸만 드러나 있고 아래 부분은 묻혀 있는데, 어느 정도 묻혀 있는지 알 수 없다. 불두는 석불 뒤에 있으나 마모가 심하며 인위적인 파손에 의해 다 깨어져 상태를 명확히 알 수 없다. 현 상태로 보아 거구의 불상으로 추정되며, 목에는 삼도(三道)가 남아 있고, 미완성처럼 보이며, 희미한 옷주름의 표현과 조각 수법으로 보아 고려시대 불상으로 추정된다.

용담사 와불

   이 불상은 경주시 양남면 효동 2리 월천마을 용담사에 있는 와불이다. 비록 소형이지만 경주지역에서 보기 드문 불상이다.

   용담사에는 용이 살았다는 용담폭포가 있으며 불상은 머리에는 둥근 이중의 두광을 표현하였고, 연꽃을 베고 편히 누운 자세인데, 밑에 명문이 새겨져 있다. 발 일부분이 파손되었고, 옷 주름 등 조각수법으로 보아 조선시대 작품으로 추정된다.

왕룡사원 불상

경주시 강동면 국당리 왕룡사원에 모셔진 목조 아미타여래좌상은 높이가 77㎝에 달하는 등신대의 불상으로 갸름한 얼굴, 세장(細長)한 신체, 왼손의 위치 등으로 미루어 조선 초기 불상양식을 보이고 있다.

불상의 도상적 특징은 영주 흑석사 목조아미타불좌상(1458년 제작, 국보 282호) 및 상원사 목조 문수동자좌상(1446년제작, 국보 제221호)과 유사하고 불상의 복장(腹藏)에서 나온 환성사미타삼존조성결원문(還城寺彌陀三尊造成結願文)을 통해 8년(1466~1474년)이나 걸려 조성되었고, 불상 조성과 관련한 소요비용, 제작자인 양수(良手) 대선사(大禪師) 성료(性了)와 부양수(副良手) 선사(禪師) 혜정(惠正)에 의해서 이루어졌음을 알 수 있다. 조성기 및 중수기를 완전하게 갖추고 있을 뿐만 아니라 복장에서 발견된 불경 등과 함께 조선 초기의 불상 연구에 중요한 자료이며 보물 제1615호로 지정되어 있다.

주사암 영산전 삼존불상

오봉산 주사암 영산전에 모셔져 있으며, 도금된 상태이며 중앙에 석가모니불좌상을 중심으로 좌우에 미륵불과 제화갈라보살이 협시보살로 봉안되어 있다.

삼존상은 모두 손 모양이 같은데, 오른손은 촉지인과 유사하며 왼손은 손가락을 굽혀 손바닥을 위로 향하게 하였다. 신체에 비하여 좁은 어깨와 머리가 크고 가늘며, 신체의 굴곡이 나타나지 않은 옷을 입고 있다. 좌 협시보살은 보관을 쓰고 있으며, 특히 두건을 쓴 우 협시보살은 매우 보기 드문 머리모양을 하고 있어 주목된다. 발원문을 통해 영조 1년(1725)에 조성된 것으로 추정된다. 경상북도 문화재자료 제522호로 지정되어 있다.

법천사 석불좌상

경주시 건천읍 송선리 법천사에 뒤편 용미륵 산신전이란 건물에 모셔진 불상이다. 언제부터 모셔진 불상인지 명확하지 않다. 머리는 복원된 것으로 전체적인 의습 표현과 중앙에는 마멸이 심하나 꽃무늬가 새겨진 조각 수법으로 보아 9세기 이후에 불상으로 추정되며, 약사불이나 미륵불로 추정된다. 사찰에서는 경북 군위지역에서 옮겨진 불상이라 전하고 있다.

석두암 석불좌상

경주시 산내면 우라리 석두산 석두암 대웅전에 모셔져 있다. 예전에는 이곳을 금강암이라 불렀으며, 신라 진평왕 때 원효대사가 창건하였다고 전한다. 불상은 개금된 상태여서 정확히 알 수는 없으나 나발의 머리에 표현된 육계와 얼굴 모습, 옷 주름 표현 등 조각 수법으로 보아 조선시대 후기 불상으로 추정된다.

경주지역
불상(佛像)의 흐름

경주지역 불상(佛像)의 흐름

신라가 527년에 불교를 공인한 이래 경주지역에는 흥륜사, 황룡사를 비롯한 수많은 사찰들이 세워졌다. 그중 황룡사는 신라 최대의 사찰로서 금동장륙 석가삼존불과 9층 목탑 등이 553년부터 645년에 걸쳐 완성되었다. 6세기 후반 불상으로 알려진 전 황룡사지 출토 금동여래입상(국립경주박물관소장)이 있다. 7세기 전반기에는 경주지역에 반가사유상과 화강암 석불들이 나타난다. 이러한 예가 단석산 신선사 마애불상군, 송화산 출토 석조반가사유상, 경주 성건동 출토 금동반가사유상 등이 있고, 석불로는 경주 남산 지역의 석불이 대표적인데 장창골 삼화령 미륵삼존, 배리 삼존석불입상, 불곡 감실여래좌상, 인왕동 석불좌상, 탑곡 마애조상군, 선도산 마애대불 등이 있다.

　통일신라기에 접어들어 경주지역에는 서역적이고, 이국적인 모습을 느낄 수 있는 작품이 나타나는데, 사천왕사 절터에서 발견된 사천왕상전과 감은사지 석탑에서 발견된 금동사리함의 사천왕상은 새로운 조각 양식의 면모를 잘 보여 준다.

　능지탑 출토 소조 사방불과 구황동 삼층석탑 출토 2구의 순금제 불상(국보 제79호, 80호)이 있다. 통일신라시대는 활발한 불교문화를 꽃피우면서 이상화된 불상들이 나타나는데 안압지 출토 금동판불과 촉지인을 한 칠불암 마애삼존불, 양식이 국제적인 감산사 석불 2구, 감산사 석불을 전후한 시기에 국립경주박물관에 사암제 여래입상, 배리 출토 석조 여래입상과 같은 우드야나식 착의법의 여래상이 많이 조성되고 있는데, 이러한 불상 형식은 이후 부분적인 변화를 거치면서 발전하여 통일신라 불상의 발전에 커다란 역할을 한다.

통일신라 조각의 완성이라 해도 과언이 아닌 석굴암 본존불은 우리나라 화강암의 정수를 잘 보여 주고 있다. 굴불사지 사면석불, 경주 장항리 석불입상(국립경주박물관소장), 남산 입곡(삿갓골) 석불입상 등이 석굴암 본존불과 비교되는 불상들이다.

8세기 후반 석굴암 본존불을 계승한 형식으로 미륵골 보리사 석불좌상, 삼릉계 석불좌상, 용장사지 석불좌상, 용장골 석조약사여래좌상(국립경주박물관소장), 열암골 석불좌상, 삼릉계 석조 약사여래좌상(국립중앙박물관소장), 율동 두대리 마애삼존불입상, 불국사 금동불 2구, 백률사 금동약사여래입상(국립경주박물관소장) 등이 있다.

8세기 후반의 대표적인 불상으로는 불국사 비로전 금동 비로자나불좌상, 창림사지 출토 석조 비로자나불 2구(국립경주박물관소장)가 있다. 9세기에 접어들면 마애불이 많이 나타나는데, 골굴암 마애불, 남산 윤을곡 마애삼존불, 남산 약수계 마애대불, 상선암 마애불, 마석산 백운대 마애불입상, 용장사지 마애불 등이 있다. 이 외 수많은 불상들이 있지만 여기서는 중요한 불상들만 살펴보았다.

경주지역에는 이 외 고려시대에 조성된 남산 부엉골 마애여래좌상과 조선시대 조성된 기림사 소조비로자나 삼존불, 건칠보살좌상, 18세기 이후의 것으로 불국사 대웅전의 목조 석가삼존불 등이 있다. 여기서는 언급되지 않은 불상으로 강동 안강 지역의 안계리 석조 석가여래좌상, 근계리 입불상, 산대리 호계사지 미륵석불, 용화사 불상 등이 있고, 외동 지역의 불상으로 활성리 연지암 석불입상 등이 있다.

이처럼 수많은 불상들이 있지만 이 외에 잘 알려지지 않은 절터에 아직도 수많은 불상들이 파손된 채 방치되고 있는 경우가 많다. 신라 불교 이후 경주지역에는 이처럼 다양한 형태의 불상들이 많이 조성되어 불국토의 세계를 이루고 있다.

참고문헌

강우방 · 신용철, 『탑』, 솔, 2003.

강우방, 『원융과 조화』, 열화당, 1990.

권오찬, 『신라의 빛』, 경주문화원, 2000.

김기문 편저, 『慶州風物地理誌』, 경주시. 경주문화원, 2006.

김부식지음, 이병도 역주, 『삼국사기』(상), (하), 을유문화사, 1996.

김상현, 김동현, 곽동석, 『불국사』, 대원사, 1992.

慶州文化院 附設 鄕土文化硏究所, 『慶州文化遺蹟現況調査』, 1997.

김환대, 『경주의 문화유적』, 경주문화유적답사회, 2004.

신대현, 『한국의 사리장엄』, 혜안, 2003.

이근직, 경주의 문화유산(상), 경주박물관회, 1998.

엄기표, 『한국의 당간과 당간지주』, 학연문화사, 2007.

일연지음, 이민수 옮김, 『삼국유사』 을유문화사, 1996.

정영호, 『考古美術의 첫걸음』, 학연문화사, 2000.

韓國佛敎硏究院, 『佛國寺』, 韓國의 寺刹 1, 一志社, 1974.

韓國佛敎硏究院, 『新羅의 廢寺』, 韓國의寺刹 3, 一志社, 1978.

황수영, 『불국사와 석굴암』, 세종대왕기념 사업회, 1979.

김환대(金煥大) ─────────────────────────────────

경북 경주 출생이며 대학에서 고고미술사학을 공부하고 대학원에서 역사교육을 전공하였다.
경주문화유적답사회장, 관광칼럼니스트, 문화재 해설사로 문화유적답사 관련 단체에서 활동하
고 있다.
문화재 관련 강의와 어린이 문화체험 학습, 삼국유사 현장기행 답사를 진행하고 있다.
문화유산답사회 우리얼 대구·경북지역장을 맡고 있다.

『내 고향의 전설』시리즈,『영천의 문화유적 알기』,『포항의 문화유적 알기』,
『한국의 불상』,『한국의 탑』시리즈,『사찰 문화재 총람』외 다수

경주의 불교유적

초판인쇄 | 2010년 10월 12일
초판발행 | 2010년 10월 12일

지은이 | 김환대
펴낸이 | 채종준
펴낸곳 | 한국학술정보㈜
주　소 | 경기도 파주시 교하읍 문발리 파주출판문화정보산업단지 513-5
전　화 | 031) 908-3181(대표)
팩　스 | 031) 908-3189
홈페이지 | http://ebook.kstudy.com
E-mail | 출판사업부　publish@kstudy.com
등　록 | 제일산-115호(2000. 6. 19)

ISBN　978-89-268-1564-9 03980 (Paper Book)
　　　　978-89-268-1565-6 08980 (e-Book)